誰說不能從武俠

學數學？

李開周

著

假如大俠懂數學

　　小時候，我發育較晚，身體和大腦發育都晚，比同齡的孩子矮，也比同齡的孩子笨。因為矮，所以總坐前排；又因為笨，所以總受責備。從小學一年級到四年級，語文考試經常不及格，數學考試永遠不及格。老師把答案寫在黑板上讓我抄，我依然抄錯，以至於被認為是智障兒童，被建議轉到專門接收智障兒童的學校。幸虧父親天性樂觀，堅信我只是暫時不開竅，相信我會大器晚成，他找村長說情，村長又找校長說情，我才得以繼續在「正常」的小學念書。

　　大概是五年級時，不知道什麼原因，我像被一道閃電劈中百會穴，突然開竅，以前完全聽不懂的課程能聽懂了，以前完全不會做的數學題，能像別的同學一樣做出來，甚至做得更快，準確率更高。然後呢？順利考國中、考高中，一路過關斬將，再也沒有因為數學考試栽跟頭，但有一個問題始終在腦海裡揮之不去：

　　「學這麼多定理，背這麼多公式，做這麼多七彎八繞的數學題，到底有什麼用？」

　　買賣東西需要算帳，有加減乘除就夠了，為什麼還要學乘方、開方、階乘、數列、集合、極限、微積分、機率論呢？學了這些知識能讓算帳更快嗎？我知道有很多小商小販從來沒學過微積分，甚至連學校的大門都沒進過，但算帳算得飛快，做起心算常常超過數學系的學生。

　　我拿這個問題問過老師，老師通常這樣回答：「數學是

必考科目，學不好數學就考不上好大學。」我也問過同學，同學卻說我「搞怪」、「偏激」、「淨問些沒用的」。國中語文課本上有一篇徐遲寫的報告文學〈哥德巴赫猜想〉，用一連串比喻讚嘆數學之美：「這些是人類思維的花朵，這些是空谷幽蘭、高寒杜鵑、老林中的人參、冰山上的雪蓮、絕頂上的靈芝、抽象思維的牡丹。」比喻很優美，內容其實很空洞，一連串空洞的比喻恰恰證明作家看不懂數學家的推導，只有高山仰止的崇敬，沒有心有靈犀的共鳴。徐遲這篇文章讓數學家陳景潤名聲大噪，也讓廣大群眾對哥德巴赫猜想產生誤解，以為是要證明一加一等於二或一加二等於三，認為只要像陳景潤那樣廢寢忘食、晝夜不捨、用完幾麻袋計算紙，就能一鳴驚人，成為舉世矚目的數學英雄。從徐遲發表文章到今天，幾十年過去了，每年都有成千上萬的民間「數學家」，將證明哥德巴赫猜想的「完整成果」寄到中國科學院或國際數學聯盟，其中許多人連基礎定義都沒搞清楚；還有人將陳景潤研究成果的應用性盲目誇大，說這些被美國人拿去研究，搞出太空梭──這當然只是幻想罷了。哥德巴赫猜想的證明是純數學問題，不必考慮實際用途。純數學領域的一些研究成果曾被用來解決現實世界的問題，另一些研究成果在將來某一天也許能被用來解決現實世界的問題，但這都不是數學家的本意。

　　那麼數學究竟有什麼用呢？我們從小學到大學做那麼多

數學題究竟有什麼用？我苦苦思索，又渾渾噩噩，直到讀了
大學，腦袋又一次被閃電劈中，對數學的作用終於有了一點
點理解。大學期間，學完半年「線性代數」後，我的數學課
表又多出幾門課程，分別是「機率論與數理統計」、「數學建
模」、「線性規劃」和「灰色系統」。這些課都是應用性的，
將小學到中學接觸過的大部分數學知識都活化了，讓我意識
到數學公式不僅有用，而且有大用。在大地測量、工程規劃、
汽車製造、飛機設計、導彈防禦、基因研究、疫情控制、臨
床試驗、金融創新、行銷調查、輿情分析、影視特效、電腦
程式設計等領域，數學都發揮不可替代的作用，如果離開數
學，這些工作都會停擺。哪怕在日常生活中，只要運用得法，
數學也能幫我們更快、更好地解決難題。舉個例子，每次學
校放假，我都要把被褥塞進一個破舊的行李箱。以前將被子
疊成方塊塞進去，只能塞兩條，後來仔細研究那個行李箱滿
載時的形狀，測算被子疊成方塊和捲成圓筒的不同體積，將
幾條被子重疊起來，一起捲成圓筒，再放進行李箱，能放三
條甚至四條，旁邊還有一些空間放別的物品。

　　意識到數學的威力後，我才真正對它產生興趣，有了學
習的動力。以前學數學是因為考試要考，不得不學；後來學
數學是因為它很厲害，不學可惜。大學期間，我的數學知識
相對扎實，所以學別的理工課程不太吃力。畢業實習，我和
導師做某個地方的土地利用規劃，將所有限制條件找出來，

列幾百個方程式和不等式，代入數據，用電腦求解，比較完美地完成工作。美國數學家齊斯‧德福林（Keith Devlin）說：「數學不是數位的科技，而是生活的科技。」他說得很對，說出了數學在實際應用方面的價值。

　　回顧童年和少年時代，我是比較愚鈍的學生，學了很久很久也不知道數學的價值。但我又比較幸運，在青年時代體會到數學的價值。如果小學時就有人告訴我數學有什麼用，或者能將數學的價值展示給我看，不用多，一點最淺顯、最入門的就行，我想我會少走很多彎路，會學到更多知識。

　　武俠世界有一位郭靖郭大俠，曾經和我一樣愚鈍，走過和我一樣的彎路。少年郭靖跟著江南六怪學武功，六怪教十招，他學不到一招；六怪教得沮喪，郭靖也恨自己太笨，學習過程非常苦惱。郭靖真的很笨嗎？確實如此。但更大的問題出在六怪身上，用全真派掌教馬鈺道長的話說：「這是教而不明其法，學而不得其道。」六怪只知教招法，不知教內功，所以郭靖進步緩慢。後來他向馬鈺學習全真派內功，彷彿突然開竅，原本拚命也學不會的招術，忽然學得又快又好。

　　郭靖天資平庸，卻心無雜念，這種學生必須從內功學起。可惜江南六怪不傳內功，也不懂此理，就像小時候的數學老師一樣，只教解題方法，從不解釋數學意義。

　　不誇張地講，即使在武功教學方面，數學也是有用的。譬如說，江南六怪可以將郭靖的武功進度，以及每天花在招

數和內功方面的時間當成三個變量，仔細記錄，過兩、三個月，再根據紀錄繪製郭靖的武功進度曲線。他們將清晰地發現，郭靖在內功花的時間愈長，武功進境愈明顯，而在招數花的時間長短，對武功進境並無顯著影響。如果六怪學過數理統計和數學建模，還能算出三個變量的相關係數，寫出變量間的函數公式，進而調整教學方法，設計出最合理的教學計畫。

既然數學這麼厲害，江南六怪為什麼不用呢？因為他們不懂，他們不是數學家。不過，世界上有一些數學家，特別是只研究純數學的數學家，對數學的實用性表示不屑。記得著名的數學故事嗎？某學生向古希臘數學家歐幾里得（Euclid）請教「學幾何有什麼用」，歐幾里得根本懶得解釋，拿出一枚銀幣趕跑對方，因為在他眼中，數學就像詩歌和音樂，不必有用，只要足夠優美就行了。我們知道數學家、物理學家和工程師是有區別的，工程師希望公式符合現實，物理學家希望現實符合公式，數學家則完全不用關注現實，只要公式在形式邏輯上是一致的，是可以證明的，那就沒問題了。

不僅是數學，人類文明史上冒出來的許多成果在初創之時，創造者追求的都是好奇心被滿足、智力遊戲被破解，並不關心能派上什麼用場。就像愛因斯坦（Albert Einstein）剛創造出相對論時，如果闖進他就職的專利局問：「這個理論到底有什麼用？」他要嘛張口結舌，不知如何回答，要嘛很

不禮貌地趕走我們。東方文化有非常深厚的實用主義傳統，將純粹的基礎科學研究壓到塵埃裡，造成東方在科技領域愈來愈落後西方，最後帶來百年屈辱史。所以，現代群眾應該理解和支持那些看起來完全無用的基礎研究，即使不理解，也不必非要問「這有什麼用」，因為連研究者都未必知道有什麼用。

　　讓我們再回到「數學有什麼用」這個老問題。面對這個問題，數學家可以不理會，但數學老師必須理會。第一，孩子的好奇心無比珍貴，老師不能扼殺；第二，我的學習經歷告訴我，一旦體會到數學的實用性，學起來會興趣大增，而不必僅為考試而學，考完就扔，扔掉就忘。如此強大又如此優美的學科，如果只用考試逼迫孩子學習，難道不是數學教育的悲哀嗎？

　　繼《誰說不能從武俠學物理？》、《誰說不能從武俠學化學？》和《從奈米到光年：有趣的度量衡簡史》出版之後，《誰說不能從武俠學數學？》是我的第四本科普書，也是我想讓現在的孩子們盡快理解「數學有什麼用」的一個嘗試。我將中、小學課堂上可能學到的數學知識掰開揉碎，撒進刀光劍影的武俠世界，希望這些知識能在江湖上載沉載浮，泛起一些可愛的小泡泡，再被那些對數學望而生畏的讀者一一戳破，感受到數學的有用與好玩。

　　希望你能開開心心地讀完這本書，祝閱讀愉快。

Contents

目錄

Contents

第 一 章

從零開始

↘ 一千零八十個頭

　　《天龍八部》第三十三回，慕容復誤闖萬仙大會，黑夜
中殺傷幾人，和天山童姥麾下的三十六洞洞主和七十二島島
主結下死仇。洞主和島主中有一個大頭老者特別囂張，向慕
容復冷笑道：

　　「我三十六洞、七十二島的朋友們散處天涯海角，不理
會中原的閒事。山中無猛虎，猴兒稱大王，似你這等乳臭未
乾的小子，居然也說什麼『北喬峰、南慕容』，呵呵！好笑
啊好笑，無恥啊無恥！我跟你說，你今日若要脫身，那也不
難，你向三十六洞每一位洞主，七十二島每一位島主，都磕
上十個響頭，一共磕上一千零八十個頭，咱們便放你六個娃
兒走路。」

　　三十六洞，各有一位洞主；七十二島，各有一位島主。
三十六加七十二，總共一百零八人，這是超級簡單的加法，
很容易算；一百零八個人，如果慕容復向每人磕十個頭，要
磕一千零八十個頭，這是超級簡單的乘法，也容易算。不過，
考慮到時代背景，這位老者應該不會有「一千零八十個頭」
這樣的表述，他會扔掉中間的「零」字，只說「一千八十個
頭」。

　　小學數學課裡，我們學過整數的讀法：從高位到低位，一級一級地讀，如果遇到0，每一級末尾的0不用讀出來，不論其他數位上連續有幾個0，都只讀一個零。

　　比如說1080，四個數字中有兩個0，個位上的0讀「十」，百位上的0讀「零」，現代小學生必須讀成「一千零八十」。如果讀「一千八十」或「一千零八零」，那就錯了，老師會打一個大大的×。

　　《天龍八部》的故事發生於古代，在大宋、大遼和西夏這三個政權三足鼎立的時代，有「零」這個漢字，卻沒有「0」這個數字。那時候中國人和會說漢語的契丹人、西夏人如果讀1080，只能讀「一千八十」，因為在他們、甚至在當時最卓越的數學家心目中，零不是一個實實在在的數。當時的自然數沒有零，整數也沒有零。因為沒有零，所以宋朝人用漢字表述數字時，有時會很怪異。

　　宋神宗在位時，一個掌管御廚房的官員向神宗報告一年來的食材支出：「羊肉四十三萬四千四百六十三斤，豬肉四千一百三十一斤……醋一千八十三石，諸般物料八萬三百一十斤。」

　　羊肉434463斤，寫成「四十三萬四千四百六十三斤」，和現在相同；豬肉4131斤，寫成「四千一百三十一斤」，也和現在寫法相同；醋1083石，我們讀或寫是「一千零八十三石」，但宋朝官員漏掉了零；諸般物料80310斤，我們讀或

寫是「八萬零三百一十斤」，宋朝官員又把零給扔了。

南宋初年，避居江南的書生袁頤考察大宋人口變遷：「國初，杭粵蜀漢未入版圖，總戶九十六萬七千五百五十三。至開寶末，增至二百五十萬八千六十五戶。」大宋立國之時，全國共有967553戶；宋太祖開寶末年（西元九七六年），增長到2508065戶，現在應寫為「二百五十萬八千零六十五」，袁頤寫的是「二百五十萬八千六十五」，還是沒有零。

↘ 古代中國沒有零

零做為數字的歷史非常晚，宋朝的數學沒有零，元朝和明朝的數學也沒有零。小說家施耐庵生活在元末明初，《水滸傳》寫到梁山泊好漢人數，通常是「一百八人」或「一百八員」。例如第七十回，宋江先打東平府，再打東昌府，回到山寨對眾弟兄說：「共聚得一百八員頭領，心中甚喜。」

再比如第七十一回，宋江率領大家在忠義堂對天盟誓，誓詞是這麼說的：「宋江鄙猥小吏，無學無能，荷天地之蓋載，感日月之照臨，聚弟兄於梁山，結英雄於水泊，共一百八人……」

還有第八十二回，太尉宿元景回奏：「宋江等軍馬，俱屯在新曹門外，聽候聖旨。」宋徽宗說：「寡人久聞梁山泊宋江等一百八人，上應天星……」

　　近現代說書人演繹《水滸傳》，張口閉口「一百零八條好漢」，其實這是清朝以後才有的說法，清朝以前只會是「一百八條好漢」，沒有「零」。二十世紀初，考古人員在甘肅敦煌千佛洞發現唐朝數學文獻《立成算經》，記錄著錢幣金額108文，也是寫成「一百八文」，而不是「一百零八文」。

　　我必須說明，中國古籍並不是沒有零，只不過那些零的含義與數字無關。有時是「凋零」的零，有時是「零散」的零，有時是「掛零」的零；可以有「滴落」的意思，可以有「細碎」的意思，可以有「附加」的意思，卻沒有「一減一等於零，零加零還是零」的意思。

　　偌大的中國，堂堂幾千年文明，怎麼就認識不到零也是一個數字，並且還是一個非常關鍵的數字呢？

　　其實，不只是古代中國沒有數字零，古希臘、古羅馬和古埃及也沒有。任何一個古典文明時代，一切數學概念和數學技能都是因為實際需要才不得不發明出來，而零在很長時期內都沒有被發明的必要。什麼是零？不就是空無所有嗎？每個數字都被用來計算實實在在的事物，空無所有的

▲日本早稻田大學圖書館所藏水滸畫冊，清陸謙《水滸百八人像贊臨本》

直下三十六

通前六十六

通前九十

通前百八文

通前一百廿文

通前一百廿六文

▲唐朝數學教材《立成算經》將108文寫作「百八文」

東西憑什麼需要數字呢？空無所有的數字怎麼能夠進行計算呢？

數字用來描述實有，虛空之物不需要數字，這是非常樸素的想法，自自然然，水到渠成，認識不到零很正常，認識到應該有零，那才叫稀奇古怪、異想天開。

↘ 沒有零，一樣記數和計算

現代人寫數字和做運算絕對離不開零，11+19=30，一個零出來了；111-11=100，兩個零出來了。古中國、古希臘、古羅馬、古埃及都沒有零，先民們如何計算？如何進位？如何用數字表示幾十、幾百、幾千、幾萬呢？

早期文明的數位記號告訴我們，即使沒有零，一樣可以表示很大的數字，只不過表示方法比較複雜。

以古埃及為例，1的符號是一豎，像一根棍子；2的符號是兩豎，像兩根棍子；以此類推，到了10，符號變成一道拱形（據說這個符號是一支踝骨），很像字母n，又像集合運算符號裡計算交集的∩；11是一道拱加一豎，12是一道

拱加兩豎，13 則是一道拱加三豎……到了 20，用兩道拱表示；30 是三道拱，40 是四道拱，50 是五道拱……100 呢？被寫成一個曲裡拐彎的符號，彷彿缺了左下角的 8，又彷彿頭朝上的小蝌蚪。

∣	**1**
∩	**10**
၄	**100**
𐦀	**1000**
𑀁	**10,000**
🐦	**100,000**
👤	**1,000,000**

▲古埃及數字：1 到 100 萬

大於 100 的數字，古埃及人也能寫出來，例如 1000 像一支火炬（也有人說是一朵蓮花），1 萬像一根手指，10 萬是一隻神鳥，100 萬是一個單膝跪地、雙手投降、彷彿被這個巨大數字嚇怕的人。

古埃及人如果要寫 1023047，會畫一個受驚嚇的人，表示 100 萬；再畫兩根手指，表示 2 萬；再畫三支火炬，表示 3000；再畫四個拱形，表示 40；最後畫七根棍子，表示 7，數字寫出來如下圖。

▲用古埃及數字表示 1023047

古埃及數字是象形符號，古希臘和古羅馬則用字母表示

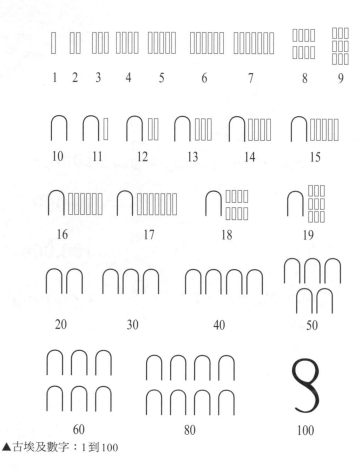

▲古埃及數字：1到100

數字。古希臘的1寫成A，2寫成B，3寫成Γ，4寫成Δ，5
是E，6是F，7是Z，8是H，9是θ，10是I，11是IA，12
是IB，13是IΓ，14是IΔ……20寫成K，21寫成KA，22寫
成KB，23寫成KΓ，100寫成P。如果想寫108，就是PH，
中間不需要表示零的符號。

古希臘數字	A	B	Γ	Δ	E	F	Z	H	θ	I	IA	IB	IΓ	IΔ	IE	IF	IZ	IH	Iθ	K	KA	P
阿拉伯數字	1	2	3	4	5	6	7	8	9	10	11	12	13	14	15	16	17	18	19	20	21	100

▲古希臘數字與阿拉伯數字對照表

　　相對而言，我們對古羅馬數字更加熟悉，生活當中也能見到。一些鐘錶上，從一點鐘到十二點鐘，分別用 I、II、III、IV、V、VI、VII、VIII、IX、X、XI、XII表示。而稍大的數，會寫成不同的字母或字母組合，例如50是L，100是C，500是D。古羅馬人想記錄一個數位，先看這個數能不能對應現成的字母，如果不能，就把這個數分解成幾個字母。

古羅馬數字	I	II	III	IV	V	VI	VII	VIII	IX	X	XI	XII	XIII	XIV
阿拉伯數字	1	2	3	4	5	6	7	8	9	10	11	12	13	14
古羅馬數字	XV	XVI	XVII	XVIII	XIX	XX	XXI	L	LXX	XC	C	CCC	CD	D
阿拉伯數字	15	16	17	18	19	20	21	50	70	90	100	300	400	500

▲古羅馬數字與阿拉伯數字對照表

　　比如說要寫100，用字母C即可；要寫200，就得寫成CC。230呢？因為230 = 100+100+30，而30 = 10+10+10，100對應字母是C，10的對應字母是X，所以230記為CCXXX。再比如732可以分解成500+100+100+10+10+10+2，其中500用D表示，100用C表示，10用X，2用II，732會被寫成DCCXXXII。像這樣的數字系統，記錄繁瑣，識別易錯，

計算時更加令人頭疼（不像阿拉伯數字將不同數字的相同數位對應起來，以便加減乘除），但自始至終都不需要零參與。

↘ 神算子瑛姑的算子

　　再看中國的數字記號。

　　古代中國有兩套數字系統，一套是文字：一、二、三、四……十、百、千、萬、億。另一套是頗具中國特色的象形符號，1用｜表示，2用｜｜表示，3用｜｜｜表示，4用｜｜｜｜表示，5用｜｜｜｜｜表示，6是上面一豎、底下一橫（也可以上下顛倒，改為上面一橫、底下一豎），7是上面一豎、底下兩橫，8是上面一豎、底下三橫，9是上面一豎、下面四橫（6、7、8、9亦可上下顛倒）。這裡的豎與橫，都是從一種計算工具演化出來的符號。

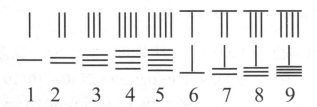

▲從1到9，古代中國的計數符號

　　這種既簡單又古老的計算工具叫「算籌」，俗稱「算子」。《射雕英雄傳》不是有一位性格孤僻、武功神奇的女士「神

算子瑛姑」嗎？她在隱居處閉門不出，天天忙著解方程式、開立方，用的計算工具就是算子。金庸先生原文描寫如下：

　　只見當前一張長桌，上面放著七盞油燈，排成天罡北斗之形。地下蹲著一個頭髮花白的女子，身披麻衫，凝目瞧著地下一根根的無數竹片……黃蓉坐了片刻，精神稍復，見地下那些竹片都是長約四寸，闊約二分，知是計數用的算子。

　　瑛姑的算子用竹片製成，長四寸，寬二分（十分為一寸），一根根擺在地上，每幾根組成一組，每一組表示一個數字。如果是個位數，豎排；如果是十位數，個位

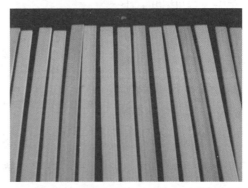

▲這些竹片就是算籌，也可以用其他材料製作，如樹枝、金屬、象牙

數豎排，十位數橫排；如果是百位、千位、萬位數，則縱橫交替：個位豎排，十位橫排，百位豎排，千位橫排，萬位再豎排……

　　將算籌的擺法寫在紙上就成為數字記號，算籌縱橫交錯，數字記號也是縱橫交錯。同樣是用象形符號表示數字，古中國的方法比古埃及簡便易懂。首先，需要的符號數量很

少，只用到橫和豎兩個基本符號，就像電腦二進位只需要0和1一樣；其次，讀數直截了當，只要不弄錯數位，就能直接讀出一組算籌所表示的數字，而古埃及的數字記號完全沒有數位之分，必須先將每個符號代表的數字全部加起來，才能搞明白到底是什麼數。

　　為了進一步簡化數字記號，大約在唐、宋時期，中國發展出一套寫法，將原先用四根算籌表示的4簡化成交叉的╳，將原

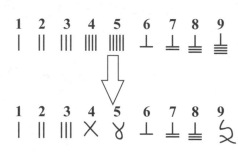

▲從算籌符號到帳碼符號

先用五根算籌表示的5簡化成上面缺角的8，將原先用九根算籌表示的9簡化成一個╳再加一個小尾巴。這套簡化版數字記號在中國官方和民間的帳簿上廣泛應用，直到二十世紀才漸漸消失，被稱為「帳碼」。

　　不過，中國的數字記號也存在明顯缺陷——當某個數位上的數字是空白時，並沒有特定的算籌或帳碼與其對應，只能將那個數位空缺出來。比如說，想寫1111，用四根算籌縱橫交錯擺一擺即可；可是要寫11011，就得在前兩根算籌與後兩根算籌當中留出一段空白。這個空白究竟要留多大呢？沒有固定的標準，就算有標準，手寫和擺放時也不可能做到

統一。假如空白不夠大，或者讀數人的眼力不夠好，就有可能把11011當成1111，絕對是無法容忍的誤差。

更要命的是如果寫110011，中間兩個數字都是空白，被誤讀的可能性更大。古埃及數字記號卻不會出現這種危險，因為古埃及根本不按數位書寫數字，例如1023047，每個大數都是用許多符號加總出來，只要做加法時不犯錯，就不至於誤讀。

$$一 | 一 | \implies 1111$$

▲用算籌表示1111和11011

❧ 這個○不讀零

為了不誤讀，古代中國的學者有時會用某個漢字或預留位置，以此代替令人混淆的空白。例如南北朝時的祖沖之（西元四二九年～五○○年），就是曾將圓周率推算到小數點後第七位的天才數學家，他把11011寫成「一｜初一｜」。從右向左，「｜」表示個位的1，「一」表示十位的1，第二個「｜」表示千位的1，第二個「一」表示萬位的1，中間的「初」字表示百位沒有數字，相當於0。

唐朝有位僧人數學家，法號一行（西元六八三年～七二七年），他喜歡用「空」表示空白數位，將11011寫成「一｜空一｜」；宋朝理學家蔡沈（西元一一六七年～一二三○

年）則用「□」表示空白數位，11011被寫成「一｜□一｜」。

蔡沈撰寫樂書《律呂新書》第一卷，用漢字寫數字：

黃鐘十七萬七千一百一十七；林鐘十一萬八千□□
九十八；太簇十五萬七千四百六十四；南呂十□萬
四千九百七十六⋯⋯

黃鐘、林鐘、太簇、南呂都是樂律名稱，後面的數字是
樂器長度值。黃鐘177117和太簇157464的數位都沒有0，
無需用「□」。南呂104976的萬位是0，蔡沈用了一個「□」；
林鐘118098的百位是0，蔡沈用了兩個「□」，為什麼用兩
個「□」呢？沒有特殊含義，僅是為了讓四行文字上下對齊，
看起來更規整而已。如果一個□只能表示一個0，「林鐘
十一萬八千□□九十八」必須改成「林鐘十一萬八千□
九十八」，少一個字元，看上去比其他樂律短一節，不美觀。

僅為了美觀就在數值當中隨意增添或減少占位符，說明
蔡沈使用的「□」不是真正的0。

南宋數學家秦九韶（西元一二〇八年～一二六一年）著
有《數學九章》，首次出現「〇」這個占位符，例如409寫成
「四百〇九」，505寫成「五百〇五」。這個正圓的〇與阿拉伯
數字裡扁圓的0有些相像，看起來都是圓圈，但卻不讀
「零」，而讀「空」。

元朝天文學家郭守敬（西元一二三一年～一三一六年）著《授時曆》，明朝數學家程大位（西元一五三三年～一六〇六年）著《算法統宗》，都普遍使用〇。郭守敬用「八十〇^{〇六}」表示80.06，前一個〇相當於小數點，後一個〇相當於空白數位。程大位用「二十九兩五錢五分〇〇一絲」表示二十九兩五錢五分〇釐〇毫一絲，即29.55001兩，兩個〇都相當於空白數位，表示「釐」和「毫」這兩個貨幣單位，金額是空無所有的。

如果只讀中國史書，一定會認為0是中國人發明的，發明時間不晚於南宋，發明者或許是南宋數學家秦九韶。但如前所述，中國數學古籍裡的〇不是真正的0，只是用來填補算籌間那一小片空白的占位符，讀音也不是「零」，而是「空」。

↘ 古老的占位符

在中美洲，已經消亡的古老而神祕的馬雅文明發明過一套數字記號，同樣有類似〇的占位符，這套數字記號是這樣的：

一個點表示1，兩個點表示2，三個點表示3⋯⋯一橫表示5，一橫上面加一點表示6，一橫上面加兩點表示7⋯⋯兩橫表示10，兩橫加一點為11，兩橫加兩點為12⋯⋯三橫為

15，三橫加一點為 16，三橫加兩點為 17……如果較大數字的某個數位是 0，則用一個貝殼符號（一說是眼睛）表示。

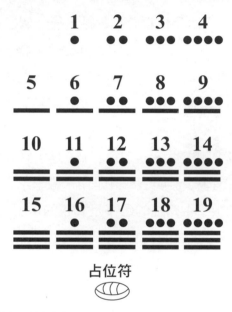

▲馬雅數字及其占位符

　　地球上存在過一個更古老的文明：蘇美文明。距今至少六千年，生活在兩河流域（主要在今伊拉克境內）的蘇美人就使用全世界最早的文字系統：楔形文字。距今至少五千年前，蘇美人發明了全世界最早的數字記號——楔形數字。距今四千年到三千年的時間內，楔形數字漸趨成熟，只用兩個基本符號，一個是長尾巴的小三角，一個是 V 字型的迴旋

鏢，就能表示60以內的數字。

𒁹 1	𒌋𒁹 11	𒌋𒌋𒁹 21	𒌍𒁹 31	𒐏𒁹 41	𒐐𒁹 51
𒈫 2	𒌋𒈫 12	𒌋𒌋𒈫 22	𒌍𒈫 32	𒐏𒈫 42	𒐐𒈫 52
𒐲 3	𒌋𒐲 13	𒌋𒌋𒐲 23	𒌍𒐲 33	𒐏𒐲 43	𒐐𒐲 53
𒐼 4	𒌋𒐼 14	𒌋𒌋𒐼 24	𒌍𒐼 34	𒐏𒐼 44	𒐐𒐼 54
𒐚 5	𒌋𒐚 15	𒌋𒌋𒐚 25	𒌍𒐚 35	𒐏𒐚 45	𒐐𒐚 55
𒐋 6	𒌋𒐋 16	𒌋𒌋𒐋 26	𒌍𒐋 36	𒐏𒐋 46	𒐐𒐋 56
𒐌 7	𒌋𒐌 17	𒌋𒌋𒐌 27	𒌍𒐌 37	𒐏𒐌 47	𒐐𒐌 57
𒐍 8	𒌋𒐍 18	𒌋𒌋𒐍 28	𒌍𒐍 38	𒐏𒐍 48	𒐐𒐍 58
𒐎 9	𒌋𒐎 19	𒌋𒌋𒐎 29	𒌍𒐎 39	𒐏𒐎 49	𒐐𒐎 59
𒌋 10	𒌋𒌋 20	𒌍 30	𒐏 40	𒐐 50	𒐕 60

▲蘇美文明的楔形數字：從1到60

　　蘇美人和兩河流域後來的居民阿卡德人都喜歡採用獨特的六十進位，現在的時間單位，六十秒為一分鐘，六十分鐘為一小時，正是蘇美－阿卡德文明六十進位留下的遺產。從1到60，相當於十進位的個位；從60到3600，相當於十進位的十位；從3600到216000，相當於十進位的百位。在十進位中，如果某個數位的數是零，必須用到0、空白或占位符，六十進位同樣如此。比如說，十進位的3611換成六十進位，3611=1×3600+0×60+11，百位是1，個位是11，中間的十位成為空缺。在楔形數字裡，怎麼表示這個空缺呢？

　　早期蘇美人既沒有0，也沒有預留位置，只能在數與數中間空出一個短距離，表示那個數位沒有數值。大約二千年

前，兩河流域的居民搞出一個占位符。這個符號像一個向左
臥倒的A，但其中一劃格外長，放在哪個位置就表示那個數
位上沒有數。

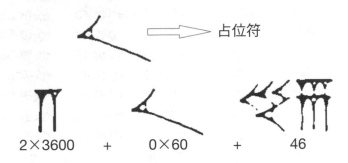

▲兩河流域楔形數字的占位符及用法，圖中六十進位數字轉換成十進位，是
7246

　　從兩河流域到美洲中部，從古代中國到古希臘、古羅
馬、古埃及，都沒有發明出零，僅搞出幾個像現在多位數裡
的0一樣有占位作用的占位符。

↘ 為什麼是印度人發明了零？

　　真正的零是印度人發明的。大約在西元三世紀，中國魏
晉名士「竹林七賢」活躍在歷史舞臺的時期，印度人開始在
十進位數字中使用「‧」這個占位符，這個小圓點的作用等
同於兩河流域楔形數字向左臥倒的A，也等同於馬雅數位的
貝殼符號，還等同於中國數學家祖沖之使用的「初」、一行

使用的「空」、蔡沈使用的「□」、郭守敬使用的「○」。也就是說，它並非真正的零，但可以當零使用。

古印度學者婆羅摩笈多（Brahmagupta，約西元五九八年～六七○年）在西元六二八年寫成《婆羅摩曆算書》，曾給出零的定義，並規定零參與計算的幾條規則：「零是沒有；零加零還是零；零加減任何數，該數不變；零乘以任何數，積為零；零除以任何數，商為零。」這幾條定義和規則足以證明至少在千餘年前，印度已經孕育出「零是數字」的思想。

西元八七六年，印度北部的瓜廖爾（Gwalior）公國豎立一塊石碑，碑文大意是說：這個邦國的人民在神廟旁建造一座花園，護法神每天可以從花園採摘五十朵

▲瓜廖爾石碑上的阿拉伯數字：270

花，花園寬度是一百八十七個哈斯塔斯（英文通譯hastas，古印度長度單位），長度是二百七十個哈斯塔斯。50、270、187，石碑上這三個數字的寫法基本接近現在通行的阿拉伯數字，其中2和7刻得圓潤流暢，彷彿草書，0則是一個小小的○。

婆羅摩笈多的著作和瓜廖爾的石碑足以證明，到西元九

世紀，印度不僅形成「零是數字」的觀念，也奠定了阿拉伯
數字的雛形。

　　阿拉伯數字由印度人發明，在九世紀被阿拉伯數學家和
天文學家花拉子米（Al Khwarizmi，約西元七八〇年～八五
〇年）寫進《代數學》。西元十三世紀，義大利數學家斐波
那契（Fibonacci，西元一一七五年～一二五〇年）從阿拉伯
數學家手中學會阿拉伯數字（實際上是印度數字）的寫法，
並傳播到西方世界。最近百餘年內，這些數位記號又從西方
世界傳播到中國。花拉子米和斐波那契都是推廣阿拉伯數字
的大功臣，但他們對零的認識卻遠遠落後於同時期、甚至更
早時期的印度學者。

　　花拉子米不認為零是一個數字，他記錄來自印度的十個
數字記號：1、2、3、4、5、6、7、8、9、0。他對0的解釋是：
「這個小圓圈不是任何數字，它被用來告訴人們，它所在的
數位是空的。」很明顯，花拉子米僅將0當成占位符，不能
獨立進入運算。

　　斐波那契在《計算之書》中介紹阿拉伯數字：「9、8、7、
6、5、4、3、2、1，這是來自印度的九個數碼，加上阿拉伯
稱為零的符號0，任何數都能表示出來。」可見在斐波那契
心中，0仍是符號，不是數字。

　　我們千萬不要笑花拉子米和斐波那契，實際上，將零當
成數字，需要高度的抽象思維，必須從思想上產生翻天覆地

的變化。1、2、3、4或0.1、0.2、0.3、0.4，甚至包括–1、
–2、–3、–4，這些正整數、負整數和小數，都能在現實世界
找到對應的東西。1可以是一隻羊，0.1可以是一隻羊的十分
之一，–1可以是要償還別人一隻羊。可是0呢？有對應的東
西嗎？

　　只有脫離具象思維，跨出「抽象性」的關鍵一步，把對
數字的感知控制在邏輯和冥想的範疇，扔掉「每個數字都應
該有意義」的本能想法，才有可能認為0是數字，才會打開
代數學的大門，才有機會讓數學從統計工具的泥潭裡拔出腿
來，飛躍九天，發展成一門高度抽象卻又破迷開悟的形式科
學。而印度的原始宗教和思維習慣恰好在「冥想」上最具優
勢，也許這才是印度人得以發明零這個數字的真正原因。

↘ 零和空，還有《道德經》

　　印度人不僅發明阿拉伯數字，也發明了零，這是數學史
領域的主流觀點，但不是所有人都認同，美國應用數學家羅
伯‧卡普蘭（Robert Kaplan，西元一九四〇年～）認為歐洲
人也許比印度人更早將零納入數字系統。他從亞里斯多德
（Aristotle）的著作發現一句話：「空白是一個碰巧沒有物體
存在的地方。」還發現古希臘人喜歡用圓圈表示未知數和空
缺的數。他又整理亞歷山大大帝（Alexander the Great）東征

時期，希臘學者到訪印度的歷史，最後得出一個結論：「跟隨著跳舞的步伐，沿著西元前三二六年亞歷山大國王的入侵路線，零傳入了印度。」意思是說，零的發明應該追溯到古希臘，印度人沒有發明零，而是從希臘人那裡學會使用零。

卡普蘭的觀點屬於非主流，考證也不太嚴謹。如果亞里斯多德筆下的「空白」等於零，我們也可以說《道德經》的「無」也是零。鑑於《道德經》作者老子比亞里斯多德出生得更早，漢、唐時期與印度的交流也相當頻繁，難道不能大膽推測是中國人發明了零，然後又傳給印度人嗎？當然，這樣的推測不能使人信服，就像卡普蘭的考證不能讓人信服一樣。

回到武俠數學。《射雕英雄傳》第十七回，周伯通傳授郭靖空明拳，曾經引用《道德經》講述「空」的妙用：

周伯通道：「老子《道德經》裡有句話道：『埏埴以為器，當其無，有器之用。鑿戶牖以為室，當其無，有室之用。』這幾句話你懂嗎？」郭靖也不知那幾句話是怎麼寫，自然不懂，笑著搖頭。

周伯通順手拿起剛才盛過飯的飯碗，說道：「這只碗只因為中間是空的，才有盛飯的功用，倘若它是實心的一塊瓷土，還能裝什麼飯？」郭靖點點頭，心想：「這道理說來很淺，只是我從未想到過。」周伯通又道：「建造房屋，開設門窗，只因為有了四壁間的空隙，房子才能住人。倘若房屋

是實心的，倘若門窗不是有空隙，磚頭、木材四四方方的砌上這麼一大堆，那就一點用處也沒有了。」郭靖又點頭，心中若有所悟。

　　周伯通道：「我這全真派最上乘的武功，要旨就在『空、柔』二字，那就是所謂『大成若缺，其用不弊。大盈若沖，其用不窮。』」

　　周伯通說的「空」很像數字裡的零，兩者同樣妙用無窮。周伯通和郭靖生活在南宋時期，南宋的數學思想還沒有零的概念，但卻有「空」的概念。如前所述，從宋朝到明朝，中國數學家用「□」或「○」做為占位符，這些讀音正是「空」。

第 二 章

掐指一算

❯ 一日不過三

金庸先生在《俠客行》塑造一個角色，此人年紀蒼老，頭髮和鬍子都白了，笑容可掬，腳下穿一雙白布襪子，乾乾淨淨的紫色緞子鞋上繡著大大的「壽」字，乍看之下是個面目慈祥的老爺爺。但一旦與他目光接觸，就讓人不由自主打個寒顫，幾乎冷到骨髓裡，因為他目光凶狠，射出一股難以形容的殘暴之意。

這老頭姓丁，名不三，江湖上有個綽號叫「一日不過三」。為何會有這麼古怪的綽號呢？讓他自己解釋：

「老子當年殺人太多，後來改過自新，定下了規矩，一日之中殺人不得超過三名。這樣一來便有了節制，就算日日都殺三名，一年也不過一千，何況往往數日不殺，殺起來或許也只一人二人。好比那日殺雪山派弟子孫萬年、褚萬春，就只兩個而已。這『一日不過三』的外號自然大有道理，只可惜江湖上的傢伙都不明白其中的妙處。」

《俠客行》第十回，丁不三在紫煙島與雪山派高手白萬劍比武，白萬劍的師弟們想插手，「左腳剛踏進丁不三所畫的圓圈，眼前白光一閃，長劍貫胸而過，已被丁不三一劍刺死。兩名雪山弟子又驚又怒，雙雙進襲。丁不三大喝一聲，

躍起半空，長劍從空中劈將下來，同時左掌擊落，劍鋒落處，將一名雪山派弟子從右肩劈至左腰，以斜切藕勢削成兩截，左手這掌擊在另一名雪山弟子的天靈蓋上。那人悶哼一聲，委頓在地，頭顱扭過來向著背心，頸骨折斷，自也不活了。」頃刻之間，丁不三連殺雪山派三人，眼見又有兩人衝來，急忙向兄弟丁不四叫道：「老四，你來打發，我今天已殺了三人！」

　　丁不三言出如山，說到做到，說一天只殺三個，絕不殺第四個，非常有原則。但他再有原則，終究是性情殘忍、十惡不赦的凶犯。如果身處現代法治社會，一定會被員警抓起來，由檢察官提起公訴，法院判刑，毫無懸念。

　　丁不三生活在哪個時代？不知道。他是虛構人物，只活在《俠客行》，而這是一部沒有交待時空背景的武俠作品。假如把它的時空背景拚命往前推到原始社會；或者時間不變，只換空間，將丁不三扔進某個與世隔絕的蠻荒部落。我們會發現丁不三的「原則性」會失效，因為他極有可能變得「不識數」，只知道一和二，卻不知道世界上還有「三」這個數字。

　　十九世紀中葉，英國探險家法蘭西斯‧高爾頓（Francis Galton，西元一八二二年～一九一一年）抵達紐西蘭，遇見一個游牧部落，該部落的居民不理解零，也不理解三，只知道天底下有兩個數，要嘛是一，要嘛是二。高爾頓與牧民交

易，用菸草換對方的羊。

因為聽不懂彼此的語言，只能比手勢。高爾頓把菸草放在地上，分成一小包、一小包，牧民則把羊群趕到高爾頓面前，雙方溝通大致如下：

「一包菸草換一隻羊行嗎？」

「不行！」

「兩包菸草換一隻羊？」

「那還差不多。」

「好，我總共有六包菸草，都給你，你給我三隻羊。」

牧民撓撓頭，糊塗了。

「這樣吧，我給你四包菸草，你給我兩隻羊。」

牧民繼續撓頭。

高爾頓以為那個牧民是個白痴，把部落首領請過來仲裁。哪知他也懵懂，搞不懂四包菸草是多少——只要是超過二的數，三也好，四也罷，在這些牧民心中都一樣，就是「很多」。

最後只能分批交易：高爾頓交給牧民兩包菸草，牧民牽給他一隻羊；高爾頓再交給牧民兩包菸草，牧民再牽給他一隻羊；高爾頓再拿出兩包菸草，牧民再給他一隻羊。交易完成，還是六包菸草換三隻羊，不過卻要交換三次。

牧民覺得很划算，眉飛色舞，向族人比比劃劃，嗚哩哇啦地誇耀。高爾頓看得出來，他們應該是說：

「瞧見沒？我用一隻羊換了兩包這個，然後又用一隻羊換了兩包這個，然後又用一隻羊換了兩包這個……」

「真不錯，你們交易了多少次？」

「哦，算不清了，很多次！」

再講一個故事，二十世紀前期，日本人正緊鑼密鼓地推行臺灣殖民化，在臺南一些原住民部落設立村辦公室，讓村民定期到辦公室開會。當時最大的問題不是村民聽不聽話，而是很難讓他們記住時間。

「三天後，你們來這裡開會。」

「三天後？」

「就是明天的明天的明天。」

「？」

日本人沒辦法，只好借鑑原住民記錄時間的老辦法：在樹皮劃上一道道記號。村民聯絡人去經常聚會的地方，找一棵最大的樹，刮掉一塊樹皮，在上面劃一道，表示過完一天；第二天再劃一道，表示又過了一天；第三天再劃一道，表示又過了一天……

如果丁不三是原住民，或者是高爾頓遇見的游牧部落，他還能做到「一日不過三」嗎？恐怕很難，因為他腦袋裡沒有比二更大的數。

↘ 一生二，二生三，三生萬物

　　高爾頓遇見的游牧部落，可能和澳洲土著毛利人一樣，屬於南島人的一支。南島人早在人類蒙昧時代就從亞洲大陸或南亞次大陸遷徙過去，由於與世隔絕，人口規模小，文明傳播和知識積累受到限制，不可能像歐亞大陸文明和中美洲文明，獨立發展出光彩奪目的數學思想和計算技能。但這與人種無關，也與智商無關，因為生活在歐亞大陸的早期人類也很蒙昧，對稍微大一些的數字沒有感覺。

　　《道德經》有云：「道生一，一生二，二生三，三生萬物。」在數學家眼中，這句話可能是信史以前中國先民只知一二、不知三四的遺風。什麼是三？就是很多。三生萬物，就是說從三往後的數都是很多很多。

　　我們知道，最小的原始部落也有幾十人，大一些的有幾千人，如果分不清比三大的數，幾萬年前的部落首領要怎麼領導這麼多人呢？讓大家站一排報數？結果肯定是這樣：一，二，很多，很多，很多，很多……或者是：一，二，三，很多，很多，很多，很多……

　　其實用不著報數，第二次世界大戰期間，印尼群島上一個部落酋長向殖民者演示他的計數方式：第一天早上，族人出去做工，每走出一個人，酋長就在地上放一枚貝殼；晚上收工，族人回來，每回來一個人，就從地上撿起一枚貝殼；

次日也是如此，循環往復。

如果酋長收工後發現地上還有一枚貝殼，說明有一個族人沒回來；如果有兩枚貝殼，說明有兩個族人沒回來。如果有三枚貝殼呢？酋長大概會驚叫：「哇，丟了很多人！」

沿著酋長的思路，我們不妨想像一下，幾萬年前的舊石器時代，只知一二、不知三四的原始人該如何交易。比如說，一個部落以狩獵為主，另一個以採集為主，前者用獸皮向後者交換糧食，一張獸皮換一捧粟米。狩獵部落有三十張獸皮，以他們的數學知識，肯定數不清是多少，只能一張一張拿出來，每拿出一張，就在地上放一塊石頭；採集部落有五十捧粟米，他們也數不清，只能一捧一捧運到另一個地窖，每取出一捧，就在地上放一根樹枝。查完各自的家底，雙方正式交換，我給你一張獸皮，然後從地上拿起一塊石頭；我給你一捧粟米，然後從地上拿起一根樹枝……交換完畢，狩獵部落的石頭取完了，採集部落的樹枝還有剩，剩餘的樹枝就代表剩餘的糧食。究竟剩餘多少糧食呢？數不清，很多很多，但一點也不影響下次的交易。

也就是說，即使生活在連三都不認識的蒙昧時代，人類照樣可以生存、協作、分工和交易，只不過看上去很麻煩、繁瑣，很費時間和精力。

人類社會繼續進化，人口規模愈來愈大，交易形式愈來愈多，逼著人類使用較大的數字。於是，三出現了，四出現

了，百、千、萬、億陸續出現。這些「大數」不在人類的本能之列，不是天生就在腦海裡，都是被「發明」出來的，屬於後天習得的文明。而在與世隔絕的小規模人群中，不存在複雜的分工和交易，不需要發明「大數」，所以他們的數字意識才會顯得特別落後。

現在地球上的所有國家和國民，無論開發或未開發，無論白種人、黑種人或黃種人，都處於生物進化樹上同一根小樹杈的末端，被稱為晚期智人。至少五萬年前，晚期智人就出現了，一出現就會用火、製造工具、分工協作、用豐富的語言進行溝通。但是，要到近一萬年內，我們才發明文字和數字。考古發現的數字記號，例如兩河流域的楔形數字、中美洲的馬雅數字，以及中國仰韶文化陶器上的數字、良渚文化石器上的數字，還有甲骨文的數字，距今都只有幾千年歷史。

▲甲骨文裡的數字記號

幸運的是，數字出現得雖晚，數學發展卻很快，並且是愈來愈快。就像電腦，從最早的電腦誕生到現在，還不到一個世紀，卻能在各個行業發揮著愈來愈大的作用，推動各個領域飛躍發展，讓絕大多數產業發生突變，讓富比士富豪榜

單上的許多名字被網際網路科技巨頭壟斷，同時也讓愈來愈多從業者被迫改行、學習或失業。

⤵ 掰手指做乘法

迄今為止，電腦是人類發明的最快計算工具。我們算乘方、開方、級數、階乘，解高次方程式、不定方程式，證明四色定理，製作三角函數表和常用對數表，為某個超級巨大的合數分解質因數，把圓周率推算到小數點後多少億位元，或者根據海量的氣象資料預測天氣，如果純靠人工，往往窮年累月，甚至耗盡畢生精力也算不完。如果交給電腦，只要程式設計正確，演算法合理，那可真叫雷鳴電閃，隨時給出正確結果。

電腦出現之前呢？中國有算籌、有算盤，西方有納皮爾的骨頭（利用格子和對角線錯位相加，將多位數乘法進行簡化的計算工具，形如棋盤），有各式各樣的機械加法器。這些都是計算工

▲蘇格蘭數學家納皮爾和他發明的納皮爾的骨頭

具，速度和功能當然比電腦遜多了。

　　算籌、算盤和歐美各種加法器出現之前呢？只能隨隨便便從地上撿一些貝殼、石子或樹枝，先規定一枚貝殼、一顆石子、一根樹枝各代表多少，再進行加減乘除。不過細想一下，這些貝殼、石子、樹枝也屬於計算工具。它們不像算盤和算籌專門用來計算，但當你用來計數和算數時，它們肯定是計算工具。

　　如果連貝殼、石子和樹枝也沒有呢？只能心算嗎？不，還有一種天然生成、隨身攜帶的計算工具——手指。

　　用手指做加減，是幼兒園小朋友都能掌握的技能。伸出一根指頭代表1；再伸一根指頭表示加1；蜷起一根指頭表示減1。想算3+2，左手伸三根指頭，右手伸兩根指頭，再數一數：一、二、三、四、五，好了，3+2=5。想算5-3，先伸出五根指頭，再蜷起其中三根，數一數還剩幾根：一、二，所以5-3=2。

　　每個正常人都只有一雙手，十根指頭，如果一根手指僅代表1，只能計算十以內的加減法。想算11+3，糟了，手指頭不夠用，還得把鞋和襪子脫掉，加上腳趾頭，太麻煩。怎樣用手指搞定十以上的加減呢？很多小朋友學過手心算，讓不同的手指代表不同數字：

　　右手大拇指代表5，其他四根指頭各代表1，把右手伸直，5加4，代表9；左手更厲害，大拇指代表50，其他四根

指頭各代表10，把左手伸直，50加40，代表90。

　　手心算可以處理兩位數的加減，例如計算31+13，把左手中指、小指、無名指伸出來，這是30，再伸出右手小指，合起來就是31；再伸出左手食指，表示加10；再伸出右手食指、中指、無名指，表示加3；現在兩隻手的手勢相同，都是除了拇指，其他四根指頭都伸出來了，左手四根指頭代表40，右手四根指頭代表4，40加4等於44。

　　這招能算加減，卻不能算乘除。遇到乘除怎麼辦？同樣可以用手指。比如8×9，左手拇指和食指蜷起來，伸出中指、小指、無名指，這表示8；右手拇指蜷起，伸出四根指頭，這表示9；現在數數伸出來的指頭，左手三根，右手四根，3加4等於7，說明乘積的十位是7；再用左手蜷曲的手指乘右手蜷曲的手指，左手2，右手1，2×1等於2，說明乘積的個位是2；十位是7，個位是2，所以8和9的乘積是72。

　　您可能會說太麻煩了吧？把乘法口訣背熟就行了，八九七十二，脫口而出，為什麼還要掰指頭呢？是的，如果有乘法口訣，個位數相乘當然簡單，但如果生活在口訣還沒誕生的時代呢？

　　古代中國人很早就會背乘法口訣，唐朝數學教材《立成算經》有一張九九乘法表：「九九八十一，八九七十二，七九六十三……二九一十八，一九如九……六六三十六，五六三十……二六一十二，一六如六……二二如四，一二如

二，一一如一。」

六六三十六　　　𝌽

五六三十　　　　三

四六二十四　　　𝌗

三六一十八　　　-𝌗

二六一十二　　　-𝌇

一六如六　　　　𝌉

▲唐代《立成算經》的九九乘法表
（局部）

和現代小學生背誦的九九乘法表相比有兩點不同，第一，順序不一樣，現代乘法表從低位到高位，從一一到九九，這張乘法表卻是從高位到低位，先背九九八十一，最後才是一一得一；第二，個別表述不一樣，我們背的是「一一得一」，唐朝人背的是「一一如一」。除了這兩點，別的地方沒有任何差別。

九九乘法表的誕生時間其實比唐朝還早，湖南龍山縣里耶鎮出土過大批秦朝竹木簡，其中幾根有用毛筆書寫的清晰乘法表，也是從「九九八十一」開始寫，一直寫到「一一如一」。想像一下，秦始皇和財政大臣討論國庫的積蓄，當財政大臣說：「我大秦平均每年進帳兩個億。」秦始皇肯定飛快地進行心算：「朕登基已四年，每年兩個億，二四如八，現在國庫該有八個億。」

從秦朝到今天，中國人背誦的一直都是九九乘法表，碰到十以上的乘法就必須動動頭腦。手邊如果沒有計算機，就

得用筆在紙上寫寫畫畫；如果沒有紙筆，就必須擺弄算籌或算盤；如果都沒有，那就要心算了。心算容易出錯，關鍵時刻還得請手指頭仗義相助。

古印度數學發達，漢、唐時期東來傳經的印度高僧都擅長在手指輔助下做心算。舉個例子，計算19乘13，印度僧人會這麼算：先讓19加3，得到22；再讓22乘以10，得到220；再拿9乘3，得到27；最後讓220加27，就得到了19和13的乘積：247。

上述計算過程中，9乘3用乘法口訣做心算，多位數的加法（19+3和220+27）

▲秦朝木簡上的九九乘法表，出土於湘西龍山縣里耶鎮，是迄今發現的世界上最早、最完整的九九乘法表考古實物

可以用手指搞定。怎麼做呢？就像現代幼兒園小朋友做手心算一樣，讓不同手指表示不同數字，蜷回去，伸出來，數一數，出結果。

	11	12	13	14	15	16	17	18	19	
1	11	12	13	14	15	16	17	18	19	1
2	22	24	26	28	30	32	34	36	38	2
3	33	36	39	42	45	48	51	54	57	3
4	44	48	52	56	60	65	68	72	76	4
5	55	60	65	70	75	80	85	90	95	5
6	66	72	78	84	90	96	102	108	114	6
7	77	84	91	98	105	112	119	126	133	7
8	88	96	104	112	120	128	136	144	152	8
9	99	108	117	126	135	144	153	162	171	9
10	110	120	130	140	150	160	170	180	190	10
11	121	132	143	154	165	176	187	198	209	11
12	132	144	156	168	180	192	204	216	228	12
13	143	156	169	182	195	208	221	234	247	13
14	154	168	182	196	210	224	238	252	266	14
15	165	180	195	210	225	240	255	270	285	15
16	176	192	208	224	240	256	272	288	304	16
17	187	204	221	238	255	272	289	306	323	17
18	198	216	234	252	270	288	306	324	342	18
19	209	228	247	266	285	304	323	361	361	19

▲印度學生必須背誦的19×19乘法表

19乘13，超級簡單的兩位數乘法，背過19×19乘法表的印度小朋友馬上給出答案。有些小朋友沒背過19×19乘

法表，在紙上列個豎式，也能很快搞定。為什麼印度高僧不列豎式呢？因為他們手邊沒有紙。漢、唐時期的中國倒是有紙，但生產成本太高，紙太貴，在紙上做筆算是比較奢侈的行為，用手指最划算。手長在身上，又不用花錢，對不對？

　　用手指做計算簡稱「指算」，我們有理由相信幾千年前的數學文明中心，包括中國、印度、埃及、兩河流域，初創階段缺乏計算工具，應該都盛行指算。假如穿越到幾千年前，看見兩個巫師面對面坐著，用手指比比劃劃，請不要想成划拳喝酒，人家可能正在做數學題呢！

❑ 絕頂劍法不是劍，而是算

　　說到指算的威力，熟讀金庸武俠的讀者可能會想起一個女生，華山派掌門岳不群的女兒，也是令狐沖的小師妹和初戀情人，名叫岳靈珊。

　　《笑傲江湖》第三十三回，五嶽劍派聚集嵩山絕頂，各派相約比劍奪帥，岳靈珊第一個出戰，用似是而非的泰山劍法對陣泰山派高手玉音子，原文描寫如下：

　　　　玉音子心中一凜：「岳不群居然叫女兒用泰山劍法跟我過招。」一瞥眼間，只見岳靈珊右手長劍斜指而下，左手五指正在屈指而數，從一數到五，握而成拳，又將拇指伸出，

次而食指，終至五指全展，跟著又屈拇指而屈食指，再屈中指，登時大吃一驚：「這女娃娃怎地懂得這一招『岱宗如何』？」

三十餘年前，曾聽師父說過這一招「岱宗如何」的要旨，這一招可算得是泰山派劍法中最高深的絕藝，要旨不在右手劍招，而在左手的算數。左手不住屈指計算，算的是敵人所處方位、武功門派、身形長短、兵刃大小，以及日光所照高低等等，計算極為繁複，一經算準，挺劍擊出，無不中的。當時玉音子心想，要在頃刻之間將這種種數目盡皆算得清清楚楚，自知無此本領，其時並未深研，聽過便罷。他師父對此術其實也未精通，只說：「這招『岱宗如何』使起來太過艱難，似乎不切實用，實則威力無儔。你既無心詳參，那是與此招無緣，也只好算了。你的幾個師兄弟都不及你細心，他們更不能練。可惜本派這一招博大精深、世無其匹的劍招，從此便要失傳了。」玉音子見師父並未勉強自己苦練苦算，暗自欣喜，此後在泰山派中也從未見人練過，不料事隔數十年，竟見岳靈珊這樣一個年輕少婦使了出來，霎時之間，額頭上出了一片汗珠。

他從未聽師父說過如何對付此招，只道自己既然不練，旁人也決不會使這奇招，自無需設法拆解，豈知世事之奇，竟有大出於意料之外者。情急智生，自忖：「我急速改變方位，竄高伏低，她自然算我不準。」當即長劍一晃，向右滑

出三步，一招「朗月無雲」，轉過身來，身子微矮，長劍斜刺，離岳靈珊右肩尚有五尺，便已圈轉，跟著一招「峻嶺橫空」，去勢奇疾而收劍極快。只見岳靈珊站在原地不動，右手長劍的劍尖不住晃動，左手五指仍是伸屈不定。玉音子展開劍勢，身隨劍走，左邊一拐，右邊一彎，愈轉愈急。

這路劍法叫做「泰山十八盤」，乃泰山派昔年一位名宿所創，他見泰山三門下十八盤處羊腸曲折，五步一轉，十步一回，勢甚險峻，因而將地勢融入劍法之中，與八卦門的「八卦遊身掌」有異曲同工之妙。泰山「十八盤」愈盤愈高，愈行愈險，這路劍招也是愈轉愈加狠辣。玉音子每一劍似乎均要在岳靈珊身上對穿而過，其實自始至終，並未出過一招真正的殺著。

他雙目所注，不離岳靈珊左手五根手指的不住伸屈。昔年師父有言：「這一招『岱宗如何』，可說是我泰山劍法之宗，擊無不中，殺人不用第二招。劍法而到這地步，已是超凡聖人。你師父也不過是略知皮毛，真要練到精絕，那可談何容易？」想到師父這些話，背上冷汗一陣陣地滲了出來。

論真實武功，岳靈珊比玉音子差得遠，她卻擊倒了玉音子，還在玉音子的師兄玉磬子大腿上刺了一劍。岳靈珊憑什麼一舉打敗泰山派兩大高手呢？憑藉兩大法寶。

法寶一，她因機緣巧合在一個山洞學到泰山派早已失傳

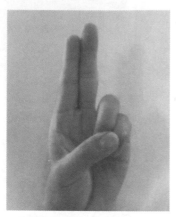
▲影視劇最常見的劍訣是這種手
勢

的幾式絕招，出其不意使出來，讓玉音子和玉磬子措手不及。

法寶二，她右手持劍，左手捏劍訣，劍訣非常獨特——別人捏劍訣，始終保持固定的手勢，她左手那五根手指「不住伸屈」，表現出單手掐算的架勢，讓對手誤以為她會用泰山派的絕頂神功「岱宗如何」，然後就嚇壞了，戰鬥力陡然下降，逼近零點。

按照金庸先生的敘述，岳靈珊假裝會使的岱宗如何並非劍法，而是演算法。算什麼？算出敵人的方位和策略，決定自己下一招如何出劍，只要算出結果就能一招制敵。怎麼算呢？指算，用單手做指算。

小朋友掰指頭數數，做手心算，古印度人用指頭做乘法，一般都是雙手，岳靈珊了不起，她單手計算。更厲害的是，她要算的可不是加減乘除那麼簡單，還要算「敵人所處方位、武功門派、身形長短、兵刃大小，以及日光所照高低」，應該涉及三角函數和微積分，放在今天的工程領域，是要依靠電腦程式設計的。岳靈珊全靠指算，竟能搞定如此複雜的計算，堪稱數學天才。天才數學家高斯被世人譽為

「數學王子」，岳靈珊應該被譽為「數學公主」。

　　玉音子會不會指算呢？不知道。反正他沒有學會岱宗如何，他有自知之明，「要在頃刻之間，將這種種數目盡皆算得清清楚楚，自知無此本領。」能練成如此奇招的江湖人，都是「超凡聖人」，岳靈珊使出此招，肯定超凡入聖啊！誰敢和她打？找死嘛！當然，岳靈珊並沒有練成岱宗如何，她只是伸屈手指做做樣子，製造假象，讓對手以為她真的是指算高手。

❧ 段譽算卦

　　岳靈珊屈指計算時，懂劍術的人知道她在施展劍術，如果不懂劍術，大概會猜測她在算命。是的，掐指一算，可不就是算命嗎？岳靈珊會不會算命？不會，她不懂八字，也不懂《易經》。

　　金庸先生當然懂《易經》，他為北丐洪七公創造的絕世武功「降龍十八掌」，招式名稱就取自《易經》第一卦乾卦。乾卦最上面一爻的爻辭是「亢龍有悔」，降龍十八掌第一招就是「亢龍有悔」；乾卦次爻的爻辭是「飛龍在天」，降龍十八掌第二招就是「飛龍在天」；乾卦第三爻「或躍在淵」，被金庸演繹成降龍十八掌的「龍躍在淵」；底下第二爻「見龍在田」和底下第一爻「潛龍勿用」，也都成為降龍十八掌裡

威力奇大的招式。

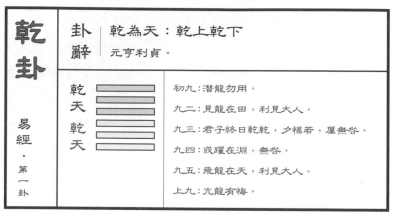

乾卦 易經・第一卦	卦辭	乾為天：乾上乾下 元亨利貞。
乾天乾天	▤▤▤▤▤▤	初九：潛龍勿用。 九二：見龍在田，利見大人。 九三：君子終日乾乾，夕惕若，厲無咎。 九四：或躍在淵，無咎。 九五：飛龍在天，利見大人。 上九：亢龍有悔。

▲乾卦的符號和卦辭

　　不僅招式名稱取自《易經》，降龍十八掌的特徵也與《周易》之乾卦暗合。降龍十八掌出手剛猛，威力無窮，號稱「天下陽剛之至」。乾卦則由六個陽爻構成，是六十四卦中陽氣最重、剛健中正、剛強第一的卦。

　　降龍十八掌是洪七公及得意門生郭靖的絕藝，但這對師徒的文墨功夫都很平庸，可以說是只懂武功、不懂《易經》更不懂用《易經》算命。金庸先生筆下對《易經》研究最深、最喜歡用《易經》占卜的人物，應該是《天龍八部》的段譽。

　　大理國小王爺段譽幼承名師指點，經史子集無一不窺，儒法佛理無一不通，遇到危難，為了決疑解惑，也為了安慰自己，經常用卦辭進行占卜。

　　《天龍八部》第四回，段譽與木婉清逃過強敵追殺，占過一次卦：

　　他長長嘆了口氣，將木婉清抱到一塊突出的岩石底下，以避山風，然後躬著身子搬集石塊，聚在崖邊低窪之處。好在崖上到處是亂石，沒多時便搬了五、六百塊。諸事就緒，便坐在木婉清身旁閉目養神。

　　這一坐倒，便覺光屁股坐在沙礫之上，刺得微微生痛，心道：「我二人這是『夬卦』，『九四，臀無膚，其行次且；牽羊悔亡，聞言不信。』『次且』者，趑趄也，卻行不順也，這一卦再準也沒有了。我是『臀無膚』。這『膚』字如改成個『褲』字，就更加妙。她老是說男子愛騙人，正是『聞言不信』。可是她『牽羊悔亡』，我豈不是成了一頭羊？但不知她是不是後悔？」

　　《周易》共有六十四卦，每個卦都由六個或連或斷的符號疊垛而成。相連的符號—叫做陽爻，斷開的符號‐‐叫做陰爻，

木火木金　始此四數以揲

一　　　　終此四者爲爻
老陽　少陰　少陽　老陰

▲用算籌進行占卜，見於南宋秦九韶《數書九章》

在不同的卦，這些陰爻和陽爻分別有不同含義，據說找出含義，就能預測未來。

「夬卦」是《周易》第四十三卦，「九四」是從底下數第四爻（四為順序，表示第四個符號；九為屬性，表示這個爻是陽爻），爻辭寫道：「臀無膚，其行次且，牽羊悔亡，聞言不信。」翻成白話是屁股上沒有肉，走起來踉踉蹌蹌，牽著羊走，並不後悔，聽人家說話，全不相信。段譽背誦這句爻辭，聯想到他與木婉清的遭遇，感覺有的地方神準，有的地方不夠準。

《天龍八部》第五回，段譽使出剛學會的凌波微步和北冥神功，逃出無量劍的關押，又占了一卦：

耳聽得喊聲漸遠，無人追來，於是站起身來，向後山密林中發足狂奔。奔行良久，竟絲毫不覺疲累，心下暗暗奇怪，尋思：「我可別怕得很了，跑脫了力。」於是坐在一棵樹下休息，可是全身精力充沛，惟覺力氣太多，又用得什麼休息？心道：「人逢喜事精神爽，到後來終究會支持不住的。『震卦』六二：『勿逐，七日得。』今天可不正是我被困的第七日嗎？『勿逐』兩字，須得小心在意。」

「震卦」是《周易》第五十一卦，「六二」是該卦底下第二爻，屬於陰爻，爻辭寫道：「震來厲，億喪貝，躋於九陵，

勿逐，七日得。」大意是說，雷電霹靂打下來，相當危險，
丟了錢，登上高山，不要追趕，過了七天就能得到。段譽硬
把卦辭往自己身上靠，把前半句解釋扔掉，只去想後半句：
「不要追趕，過七天就能得到。」而後半句也只有「七日」二
字與他的經歷碰巧吻合──剛被無量劍關押七日。

　　用《周易》占卦本來需要非常繁瑣的計算流程，這個流
程在《天龍八部》第十二回略有呈現，占卦之人當然還是段
譽：

　　（段譽）又想：「在曼陀山莊多耽些時候，總有機緣能
見到那位身穿藕色衫子的姑娘一面，這叫做『段譽種花，焉
知非福！』」

　　一想到禍福，便拔了一把草，心下默禱：「且看我幾時
能見到那位姑娘的面。」將這把草右手交左手，左手交右手
的卜算，一卜之下，得了個艮上艮下的「艮卦」，心道：「『艮
其背，不獲其身，行其庭，不見其人。無咎。』這卦可靈得
很哪，雖然不見，終究無咎。」

　　再卜一次，得了個兌上坎下的「困卦」，暗暗叫苦：「『困
於株木，入於幽谷，三歲不覿。』三年都見不到，真乃困之
極矣。」轉念又想：「三年見不到，第四年便見到了。來日
方長，何困之有？」

　　占卜不利，不敢再卜了，口中哼著小曲，負了鋤頭，信

步而行。

▲古代中國人用來占卜的蓍草

段譽拔一把草，將這把草由右手交左手，左手交右手，正是古代中國儒生和算命先生用《周易》占卦的標準流程。我把這套流程寫在下面，感興趣的讀者可以找一大把筷子或牙籤，邊讀邊照著做。

如果嚴格按照古法則不能用筷子，必須用蓍草。蓍草挺拔，莖稈細長，秋天收割，去掉枝葉，裁剪成整整齊齊的一捆，用來占卦。但大家手邊極可能沒有蓍草，所以用筷子代替好了。

第一步，拿出五十根筷子（相當於天地之數），其中一根抽出不用（表示天地不圓滿），隨機分成兩部分（象徵混沌初開，天地分離），分別放在左右手。

第二步，從任意手中抽出一根筷子，放在地上（象徵天地孕育出人類）。

第三步，數一數左手有多少根筷子，將筷子數目除以4。

第四步，除到最後，看能餘幾。如能整除，則定餘數為

4；如不能整除，則餘數將是1、2或3。

第五步，數一數右手有多少根筷子，除以4。

第六步，看右手筷子除以4的餘數是幾。如能整除，定餘數為4；如不能整除，餘數將是1、2或3。

第七步，用48依次去減右手筷子除以4的餘數和左手筷子除以4的餘數，結果將是44或40。

以上七步稱為「七演」，七步做完稱為「一變」。現在進入第二變，將一變得到的四十四或四十九根筷子隨機分成兩部分，交給左、右手，抽出一根放在地上，讓雙手筷子分別對4求餘，再用43或39減去那兩個餘數，過程與一變相似。

一變的得數有兩種可能，44或40。二變的得數則有三種可能，40、36或32。然後再將四十、三十六或三十二根筷子隨機分成兩部分，交給左右手，抽出一根放在地上，繼續讓雙手筷子對4求餘，再用39、35或31減去所得餘數，這是第三變。第三變的得數有四種可能：36，32，28，24。

將三變的得數除以4，可能得到9，可能得到8，也可能得到7或6。如果得9，在地上畫一個陽爻—，或者寫下「老陽」；如果得到8，在地上畫一個陰爻--，或者寫下「少陰」；如果得到7或6，則7為少陽，6為老陰，要畫的符號分別是—和--。

經過三變，每變七步，總共二十一步，重複進行隨機分開和對4求餘等計算，最終只能得到一爻。每個重卦都要六

個爻，所以要重複以上「七演三變」之計算過程，共做六遍，共一百二十六步，最後得到六個爻，組成一個重卦。這個卦上的老陽或老陰都是可變的，稱為「變爻」，翻開《易經》，查找這個卦的卦辭和變爻的爻辭，就是上天給的「啟示」，參透了含義，就能預測未來。

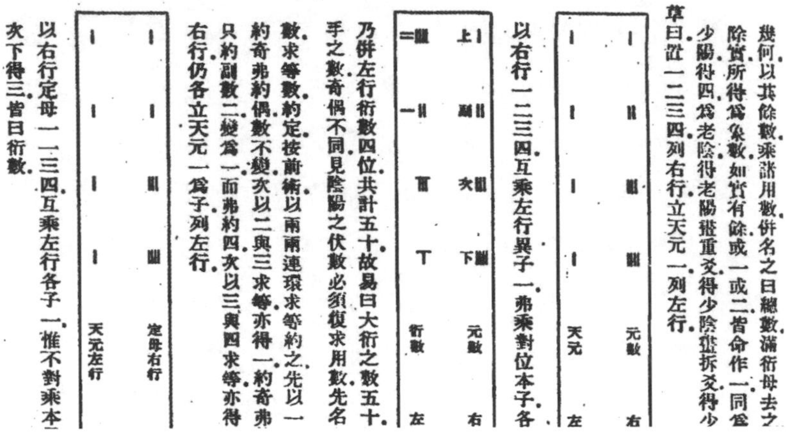
幾何以其餘數乘諸用數併名之曰總數滿衍母去之
除實所得爲象數如實有餘或一或二皆命作一同爲
少陽得四爲老陰得老陽從重爻得少陰從拆爻得少
草曰置一二三四列右行立天元一列左行
元數 右
天元 左
以右行一二三四互乘左行異子一弗乘對位本子各
上 副 次 下 元數 右
衍數 左
乃併左行衍數四位共計五十故易曰大衍之數五十
手之數奇偶不同見陰陽之伏數必須復求用數先名
數求等數約定按前術以兩兩連環求等約之先以一
約奇弗約偶數不變次以二與三求等亦得一約奇弗
只約副數二變爲一而弗約四次以三與四求等亦得
右行仍各立天元一爲子列左行
定母右行
天元左行
以右行定母一一三四互乘左行各子一惟不對乘本一
次下得三皆曰衍數

▲《數書九章》用算籌推演卦象的計算過程

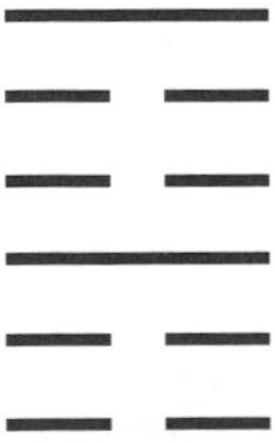

▲艮卦

段譽在曼陀山莊卜卦，首次卜到「艮卦」。艮卦是《周易》第五十二卦，用符號畫如左圖。

六個爻，從底下往上數，第一爻是陰爻，第二爻是陰爻，第三爻是陽爻，第四爻是陰爻，第五爻是陰爻，第六爻是陽爻。陰

爻對應數字6和8，陽爻對應數字7和9，可見段譽占卜時，第一輪七演三變得到的數字是6或8，第二輪得到的也是6或8，第三輪得到7或9，第四輪、第五輪得到6或8，第六輪得到的數字是7或9。

再看艮卦的卦辭總綱：

艮其背，不獲其身，行其庭，不見其人，無咎。

注意他（她）的背部，不用保護他（她）的身體，走在他（她）的院子裡，看不見他（她）的人，總體來說沒什麼危害。段譽被關在曼陀山莊，那是夢中情人王語嫣的家，他渴望見到王語嫣，卻見不到，正是「行其庭，不見其人」。因為卦辭上顯示「無咎」，所以他很開心，堅信自己總有一天會見到。

像段譽這般算卦，一把小草翻來覆去，又是分開，又是求餘，又是減，又是除，相當耗時。求餘運算和減法、除法都沒什麼困難，但一直這樣算，連算好幾輪，每一輪都算很多步，實在麻煩。

現在我們有電腦，將全部過程交給程式，簡便快捷多了。我編寫了一個算卦類比程式如下圖，總共一百多行代碼。當然，不管使用多麼高科技的手段算卦，歸根結柢都是迷信。

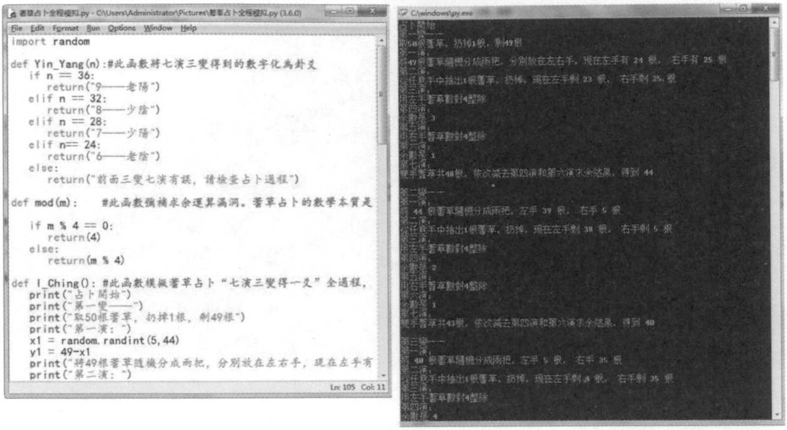

▲用電腦程式設計類比段譽算卦的過程，左圖是代碼，右圖是代碼的運行效果

替自己算一卦

　　為了加深大家對《周易》占卦的理解，請允許我再舉一個實例。這次占卜是用蓍草完成，先看第一變：

　　五十根蓍草，抽出一根不用，將四十九根隨機分成兩把，一把十根，握於左手，另一把三十九根，握於右手；從左手的十根蓍草中抽出一根，則左手剩九根，右手仍是三十九根，雙手共四十八根；用左手的9除以4，除不盡，餘數為1；用右手的39除以4，也除不盡，餘數為3；用48減去1和3，得44，這是第一變的結果。

　　第二變：

　　四十四根蓍草，隨機分成兩把，左手二十四根，右手

二十根；從右手抽出一根，剩十九根，左手仍為二十四根，雙手共四十三根；左手24除以4，除得盡，定餘數為4。右手19除以4，餘3；43減4，再減3，得36，這是第二變的結果。

　　第三變：

　　將三十六根蓍草分成兩把，左手五根，右手三十一根，從左手抽出一根不用，左手四根，右手三十一根，雙手共三十五根；左手4除以4，除得盡，定餘數為4。右手31除以4，餘3；35減去4和3，得28，這是第三變的結果。

　　再用28除以4，商為7，7為少陽。重複以上過程，再來五輪占卜，依序得到9、9、7、8、9，分別是老陽、老陽、少陽、少陰、老陽。把這些數位轉化為陰陽符號，畫出一個重卦如圖。

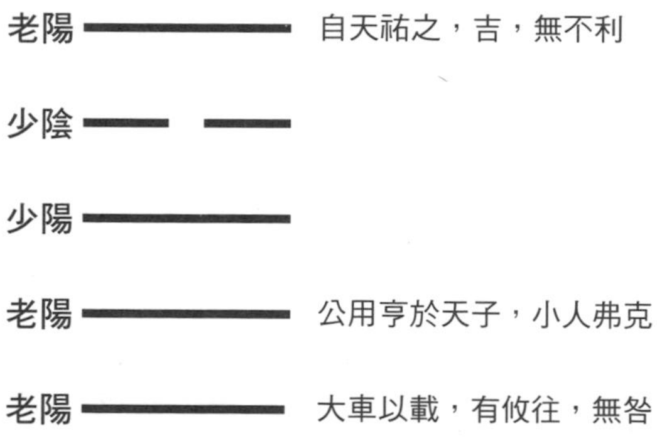

老陽 ━━━━━━━　　自天祐之，吉，無不利

少陰 ━━　━━

少陽 ━━━━━━━

老陽 ━━━━━━━　　公用亨於天子，小人弗克

老陽 ━━━━━━━　　大車以載，有攸往，無咎

少陽 ━━━━━━━

▲本次占卜得到《周易》第十四卦，卦名大有

　　翻開《易經》，查此卦含義，卦辭總綱寫道：「元亨。柔得尊位大中，而上下應之，曰大有。其德剛健而文明，應乎天而時行，是以元亨。」元亨，意思是非常通順；大有，意思是大豐收。「柔得尊位大中，而上下應之」是對陰爻位置和上下卦象的解釋，陰爻處在最合適的位置，上卦與下卦一柔一剛，上下呼應。「其德剛健而文明，應乎天而時行」也是吉利話，德行堅強，胸懷敞亮，為人處世順應規律。

　　卦由爻組成，爻分陰陽，陰陽又有老少，老陰和老陽盛極而衰，有往對立面轉化的趨勢，所以叫做變爻。本次占卜，有三個陽爻都是老陽，所以都是變爻。三個變爻的爻辭：

　　九二：「大車以載，有攸往，無咎。」用大車裝東西，一路順風，沒有危害。

　　九三：「公用亨於天子，小人弗克。」公侯貴族受到天子的款待，小人沒有機會。

　　上九：「自天祐之，吉，無不利。」有上天保佑，吉祥，沒有不順利。

　　很明顯這是一個上上卦，卦象吉利，卦辭吉利，每個變爻都很吉利。

　　從數學角度看，算卦既是有目標（預測未來）的計算，也是把隨機性發揮到極致（反覆將蓍草隨機分開）的計算。什麼是隨機性？就是不確定性，擺脫人為干擾，讓機率決定。

　　第一變，四十九根蓍草，隨機分成兩把，再隨機去掉一

根，相當於隨機生成兩個加總等於48的自然數，隨機分布在1到47的閉合區間。這兩個數是不確定的，分別除以4，餘數也不確定，求餘結果隨機分布在1到4的閉合區間。

第二變，將44或40隨機分開，隨機去掉一根，相當於隨機生成兩個加總等於43或39的自然數，隨機分布在1到42（或38）的閉合區間。這兩個數分別除以4，餘數也是隨機分布在1到4的閉合區間。

第三變，將40、36或32隨機分開，隨機去一，隨機生成兩個加總為39、35或31的自然數，隨機分布在1到38、34或30的閉合區間。這兩個數分別除以4，餘數同樣隨機分布在1到4的閉合區間。

做完一變，蓍草可能剩四十四根，也可能剩四十根，44的機率占二分之一，40的機率也占二分之一。做完二變，蓍草可能剩四十、三十六或三十二根，機率各占三分之一。做完三變，蓍草將剩餘三十六、三十二、二十八或二十四根，機率各占四分之一。用36、32、28、24除以4，得到9（老陽）、8（少陰）、7（少陽）、6（老陰），其中9、8、7、6出現的機率自然也是各占四分之一。

三變七演，得到9、8、7、6中的亂數，轉化成一個爻。為了得到一個重卦，需要轉化六個爻，每個爻都來自9、8、7、6，既然出現的機率相等，古人為什麼不省事點，直接在小紙團寫下這四個數，然後抓鬮呢？每抓一個數，畫一個陰

爻或陽爻，抓夠六次，一個卦就出來了，不是比把幾十根蓍草分來分去，還要反覆做減法、除法快捷得多嗎？

　　其實古人也做過簡化，例如唐朝的數學家李淳風（西元六〇二年～六七〇年）、北宋的哲學家邵伯溫（西元一〇五五年～一一三四年），還有南宋大儒朱熹（西元一一三〇年～一二〇〇年），都嫌蓍草占卜過於繁瑣，也發明過簡便易學的占卜方法。以邵伯溫為例，他發明在後世極為流行的「金錢課」，透過擲銅錢占卜。三枚銅錢，每次同擲，連擲六次，兩反一正為少陰，兩正一反為少陽，三枚全反為老陰，三枚全正為老陽，占一次卦，只要十幾秒。

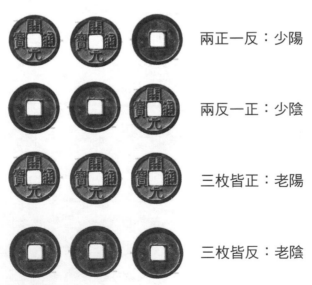

▲金錢課的四種組合

　　銅錢落到地上，正面朝上和背面朝上的機率相等。三枚同擲，結果會有四種：兩正一反、兩反一正、三枚全正或三枚全反，每種結果隨機出現。如此擲六次，得六爻，組成一卦，這個卦可能得到六十四卦的任意一個，是任何一卦的機率都是六十四分之一。所以，用金錢課占卜，也充分利用了隨機性。

　　我們還能進一步簡化占卜過程。首先，把六十四卦寫下來，捏成六十四個小紙團；其次，再把1到6這幾個數字寫下來，捏成六個小紙團；然後抓鬮，先從六十四個小紙團裡捏出一個，拆開看看是哪個卦；再從六個小紙團裡捏出一個，拆開看看，如果是1，表示第一爻是變爻，如果是2，表示第二爻是變爻……有卦了，變爻也知道了，查《周易》看卦辭，完美搞定。至於那些小紙團，占卜完別扔，下回還能用。

　　抓鬮是隨機行為，當然利用了隨機性。同樣是隨機性，為什麼古人不用如此簡便易學的方法呢？為何要用無比繁瑣的蓍草占卜法？原因有三：

　　第一，從兩把小紙團裡抓鬮，先抓重卦，再抓變爻，只用了兩次隨機性，而蓍草占卜要做六輪，每輪三變，每變七演，利用了百餘次隨機性，比抓鬮更隨機，更不可捉摸。

　　第二，蓍草占卜除了飽含隨機性，還有儀式性，那些儀式都有神祕內涵。蓍草五十根，象徵天地之數。取一根不用，

象徵天地不圓滿。分成兩把，象徵天地分離。取一根在中間，象徵天地孕育出人類。對4求餘，象徵四時、四方與四象……這麼豐富的象徵意義，抓鬮具備嗎？肯定不具備。

第三，與抓鬮相比，蓍草占卜比較難，一般人要仔細學習才能理解，反覆練習才能掌握。不會做除法，不懂得求餘運算是怎麼回事，打死也學不會。所以，對一般人來說，蓍草占卜很難，很神祕，讓人敬畏。特別是在絕大多數人都不懂除法為何物的原始社會，如此神祕、繁瑣、技術含量如此之高的占卜術，只能被巫師或部落首領壟斷，進一步維護了他們的權威。

↘ 畢達哥拉斯的數字崇拜

算卦將數字變成卦象，本質上是對數字的迷信。

說到對數字的迷信，現代中國人決不陌生。生活當中，大多數朋友都不喜歡4這個數字，因為4的諧音是「死」。由於太多人討厭，所以有些醫院病房乾脆沒有四樓，三樓上面就是五樓。

我們討厭4，卻喜歡8，因為8的諧音是發財的「發」。很多生意人的手機號碼有一堆8，汽車牌照是一排8，為了讓8更多，不惜額外花一筆錢買號碼。

最近幾年，聽說某些公務人員喜歡7，寧可讓自己的手

機號碼和汽車牌照多一些7，少一些8。因為有一個成語「七上八下」，7是往上，能高升；8是往下走，會被降級。

9在中國也是吉利數字，諧音「久」，象徵長久。男孩子送女孩子玫瑰花，通常是九朵、九十九朵或九百九十九朵。老公給老婆發紅包，除了發520（諧音「我愛妳」），就是999。9愈多，愛情愈久。另外，我們還喜歡6，因為「六六大順」，6代表順利，一帆風順，萬事如意。

語言不同，文化不同，迷信的數字也不同，但迷信程度是一樣的。我們知道日本人不喜歡9，因為9在日語的發音近似於「苦」。9一多，人就要多吃苦，過苦日子。英語文化的13不是吉利數，13號再碰上星期五，叫做「黑色星期五」，因為星期五是早期英國的行刑日，耶穌在星期五被釘上十字架，而13則是魔鬼的數字。

古希臘有一個神祕的數學教派，由數學家畢達哥拉斯（Pythagoras，約西元前五八〇年～五〇〇年）創立，叫做畢達哥拉斯學派。該教派對數字的迷信程度最深，對數字的講究最多，屬於典型的數字崇拜。

畢達哥拉斯學派活躍在二千多年前，與中國的孔子和孟子處於同一時期。現有文獻顯示該學派門規森嚴，以一顆五角星為標記，所有門徒必須奉畢達哥拉斯為教主。教主手握生殺大權，能處死違反旨意的成員。門徒在數學上做出研究成果，不能獨立發表，必須以畢達哥拉斯的名義發表。

　　該教派還有許多奇特的禁忌，例如不吃肉，不吃豆子，不能跨坐門檻上，不能打獵和穿有皮毛的衣服，只穿白色的衣服。單看吃素和穿白衣這兩點，畢達哥拉斯學派很像《倚天屠龍記》的明教。不過，明教在張無忌當教主前就做過改革，一些教徒可以吃肉。

　　畢達哥拉斯學派認為所有數字都有寓意，甚至有神性。例如1是萬物起源，2代表女人，3代表男人，5代表婚姻，6表示寒冷，7表示健康。5可能是因為等於2加3，男女結合，就是婚姻。6和寒冷有什麼關係呢？7和健康有什麼關係呢？目前未見解釋，畢達哥拉斯必定有獨特的理解。

　　中國人喜歡36，因為36是6和6的乘積，六六三十六，六六大順。巧合的是，畢達哥拉斯也喜歡36。不，他豈止喜歡，簡直是崇拜。他說：「如果用全世界的數字堆砌一個無限高的高塔，塔尖就是36，36是最完美的完美數。」36為什麼完美呢？因為世界是由四個奇數和四個偶數構成，奇數是1、3、5、7，偶數是2、4、6、8，全部加起來是36，即：1+3+5+7+2+4+6+8=36。

　　問題是，憑什麼說世界是由1、3、5、7和2、4、6、8構成呢？畢達哥拉斯必定也有獨特的理解。

　　還有一組數，6、28、496……不像36那麼完美，但也很美，它們叫「完全數」。畢達哥拉斯認為，如果一個數的真因數（包括1但不包括自身的因數）加起來等於這個數，

它就是完全數。把6的真因數1、2、3加起來剛好等於6，所以6是完全數；把28的真因數1、2、4、7、14加起來剛好等於28，所以28是完全數；把496的真因數1、2、4、8、16、31、62、124、248加起來剛好等於496，所以496也是完全數。

如果學過程式設計，不妨動手寫一個分解因數，對真因數求和，判斷真因數之和與該數本身是否相等的小程式，試著尋找更多的完全數。我找到了幾個：8128、33550336、8589869056、137438691328、2305843008139952128。

畢達哥拉斯肯定沒見過電腦，全靠手算來找完全數，曠日持久，但他樂此不疲，還總結出一些神奇特徵，比如個位總是6或8；每個完全數都恰好等於1到n一系列相鄰數的和，數學上稱為「級數和」。不妨驗證一下：

6=1+2+3

28=1+2+3+4+5+6+7

496=1+2+3+4+5+6+7+8+……+31

8128=1+2+3+4+5+6+7+8+9+……+127

在我等凡夫眼中，數字就是數字，抽象、枯燥、冷冰冰。在畢達哥拉斯眼裡，數字有溫度，有血肉，每一個數字都能通靈，一個數字甚至還能愛上另一個數字，這樣的一對數字叫做「親和數」，又叫「完美戀人」。

什麼樣的兩個數能成為戀人呢？假設有數字a和數字

b，如果a的真因數之和等於b，b的真因數之和等於a，那麼a和b就能成為戀人，也就是一對親和數。

　　舉例言之，220的真因數包括1、2、4、5、10、11、20、22、44、55、110，相加等於284；而284的真因數包括1、2、4、71、142，相加等於220，所以220和284是一對戀人。

　　再比如說，1184的真因數包括1、2、4、8、16、32、37、74、148、296、592，真因數之和是1210；1210的真因數包括1、2、5、10、11、22、55、110、121、242、605，真因數之和是1184，所以1184和1210也是一對戀人。

　　還是那句話，畢達哥拉斯沒見過電腦，尋找完全數也好，親和數也罷，全靠手算。其實他只找到一對親和數，就是220和284。現在我們靠電腦幫忙，至少能找到上億對親和數，其中絕大多數親和數都大得驚人。1到10000這個區間內，只有五對親和數，分別是220和284、1184和1210、2620和2924、5020和5564、6232和6368。除了這五對外，剩下九千九百九十個數都不是親和數。套一句比較煽情的話，茫茫人海，真愛無多，如若有緣，不要錯過。

　　數字就是數字，沒有靈魂，畢達哥拉斯及其學派認定數字可通靈，我們絕不會痴迷到這個程度。試問如此費盡苦心為數字命名，大動干戈尋找完全數或親和數，到底有什麼意義？能讓莊稼豐收嗎？能讓錢包變鼓嗎？能指導生產和生活

嗎？

　　還真能。

　　畢達哥拉斯學派研究的主要是自然數（傳說某個門徒發現無理數，畢達哥拉斯認為離經叛道，惑亂人心，指示其他門徒將其殺死），探討自然數的性質和規律，這個門派的學問在今天屬於數論的範疇。數論是純而又純的純數學，純數學不考慮實際用途，純粹是智力遊戲。一些數學家認為只有純數學才是真正的數學（現在也有文學家堅稱「只有純文學才是真正的文學」），才具備永恆之美，如果為了應用而研究就落了下乘。畢達哥拉斯死後，另一個數學家歐幾里得（約西元前三三〇年～二七五年）也非常鄙視數學的實用性。

　　但是，正因為有一代又一代數學家耗盡畢生精力去玩這些純粹的智力遊戲，才奠定了數學大廈的基石，發展出各個分支的應用數學，衍生出威力驚人的數學工具，古代工程師才有本事計算那些看上去根本無法求解的寬度、面積和土方，現代科學家才有機會在航太、通訊、人工智慧等科技領域大顯身手，我們才會有手機可用，有遊戲可玩，有高鐵和飛機可供乘坐。也就是說，許多數學研究都是無用之用。無用之用，方有大用。

第 三 章

負負得正

↘ 桃谷六仙的年齡

　　《笑傲江湖》第二十六回，令狐沖率領江湖好漢趕赴少林，營救日月神教的「聖姑」任盈盈，中途經過武當山，無意中與武當掌門比了一回劍法。武當掌門道號沖虛，年近古稀，令狐沖正是年輕力壯之時，雙方都使出最得意的功夫，最後沒分出輸贏，停手不比了。

　　旁觀者中有六個人是一奶同胞的六兄弟，相貌醜陋，智力平庸，不通世故，但武功卓絕，人稱「桃谷六怪」，又叫「桃谷六仙」。江湖上很多人都不知道他們的真實姓名，只知道分別叫桃根仙、桃幹仙、桃枝仙、桃葉仙、桃花仙、桃實仙。

　　令狐沖與武當掌門比武，虎頭蛇尾，桃谷六仙非常失望。桃實仙問道：「那老頭跟你比劍，怎麼沒分勝敗，便不比了？」令狐沖很謙虛：「這位前輩劍法極高，再鬥下去，我也必占不到便宜，不如不打了。」桃實仙道：「你這就笨得很了。既然不分勝敗，再打下去你就一定勝了。」令狐沖笑道：「那也不見得。」桃實仙說：「怎麼不見得？這老頭的年紀比你大得多，力氣當然沒你大，時候一長，自然是你占上風。」

　　聽桃實仙這麼一說，桃根仙不滿意了，反駁道：「為什麼年紀大的，力氣一定不大？」桃幹仙跟著反駁：「如果年紀愈小，力氣愈大，那麼三歲小孩的力氣最大了？」桃花仙

說：「這話不對，三歲小孩力氣最大這個『最』字可用錯了，兩歲孩兒比他力氣更大。」桃葉仙接著這個邏輯往下推：「還沒出娘胎的孩兒，力氣最大！」

桃谷六仙是六胞胎，肯定同歲，按出生早晚排序，桃根仙是老大，桃幹仙是老二，桃枝仙是老三，桃葉仙是老四，桃花仙是老五，桃實仙是老六。年齡最小的桃實仙宣稱：「這老頭的年紀比你大得多，力氣當然沒你大。」年齡最大的桃根仙當然不高興，然後桃幹仙、桃花仙、桃葉仙等人鬥嘴，用詭辯術推導出「兩歲小孩比三歲小孩力氣大」、「還沒出娘胎的孩兒力氣最大」等謬論。

還沒出娘胎的孩兒，年齡是多大呢？古代中國沒有「零歲」這個概念，小寶寶一出生，就是一歲。還沒出娘胎呢？當然小於一歲，那就是零歲。從一歲往前推，懷胎頭月的年齡是零歲一個月，懷胎第二個月是零歲兩個月，懷胎第三個月是零歲三個月……常人都是「十月懷胎，一朝分娩」，所以在娘胎裡長到零歲十個月，呱呱落地，一落地就是一歲。一年有十二個月，零歲十個月剛過，突然變成一歲，從數學上看很不合理，對不對？

還有更不合理的──少數胎兒早產，八個月就分娩，零歲八個月剛過就一歲了。極少數胎兒晚產，十三個月才分娩。照理說，十三個月已經超過一年，不能說是零歲十三個月，得是一歲零一個月。但按照古人的標準，不管在娘胎裡

待多長時間，哪怕像傳說中的老子李聃一樣，懷胎幾十年才落地，一出生也是一歲。

　　現代人計算年齡的規則相對可靠一些：出生時是零歲，懷胎時則是負歲。將出生那一刻的時間點定為 0，畫一條數線，出生後滿月是 1 月，出生後周歲是 1 歲；出生前也好記，「–1 月」表示離出生還有一個月，「–2 月」表示離出生還有兩個月，「–10 月」表示離出生還有十個月。無論是早產或晚產的胎兒，包括在娘胎裡長住幾十年的老子，年齡都能被清清楚楚地刻畫在這條數線上。

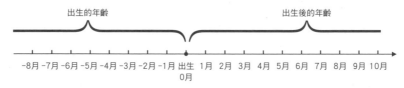

　　　　出生的年齡　　　　　　　　　　　　　　　出生後的年齡

　　–8月 –7月 –6月 –5月 –4月 –3月 –2月 –1月 出生 1月 2月 3月 4月 5月 6月 7月 8月 9月 10月
　　　　　　　　　　　　　　　　　　　0月

▲用數線表示出生前後的年齡

　　古人會用負數表示年齡嗎？絕對不會。但在古代中國數學家心目中，負數不僅存在，而且還經常運用，主要用來求聯立方程式的解。

漢朝人怎樣解聯立方程式？

　　我們看看漢朝數學家怎樣解聯立方程式：「今有上禾三秉，中禾二秉，下禾一秉，實三十九斗；上禾二秉，中

禾三秉，下禾一秉，實三十四斗；上禾一秉，中禾二秉，下禾三秉，實二十六斗。問上、中、下禾實一秉各幾何？」

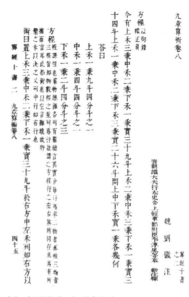

▲《九章算術》之〈方程〉

這道題出自古代中國第一部數學典籍《九章算術》，成書於漢朝。禾是稻子，秉是「捆」、「束」的意思，將上述文言翻成大白話，意思是這樣：

優質稻子三捆，普通稻子二捆，劣質稻子一捆，能碾三十九斗米；優質稻子二捆，普通稻子三捆，劣質稻子一捆，能碾三十四斗米；優質稻子一捆，普通稻子二捆，劣質稻子三捆，能碾二十六斗米。如果有優質稻子、普通稻子、劣質稻子各一捆，各能碾多少米呢？

國中生解這道題會用 x、y、z 分別代表優質稻子、普通稻子、劣質稻子各一捆所能碾出的稻米，然後列聯立方程式如下：

$$\begin{cases} ① 3x+2y+z=39 \\ ② 2x+3y+z=34 \\ ③ x+2y+3z=26 \end{cases}$$

這個聯立方程式怎麼解呢？需要逐個消元，各方程式左右項分別乘以某個常數：

$$\begin{cases} ① 6x+4y+2z=78 \\ ② 6x+9y+3z=102 \\ ③ 6x+12y+18z=156 \end{cases}$$

用②減①，得到④ $5y+z=24$；用③減②，得到⑤ $3y+15z=54$。將④的左右項各乘15，得到⑥ $75y+15z=360$。

用⑥減⑤，得到 $72y=306$，求出 $y=4.25$；再將 y 的值代入④，求出 $z=2.75$；最後將 z 和 y 的值代入③，求出 $x=9.25$。

x、y、z 分別是9.25、4.25、2.75，說明一捆優質稻子能碾九・二五斗米，一捆普通稻子能碾四・二五斗米，一捆劣質稻子能碾二・七五斗米。

漢朝數學家解聯立方程式也要逐個消元，但過程特別麻煩。他們必須用算籌在地上擺出一個矩陣，該矩陣可用阿拉伯數字表示如下：

1	2	3
2	3	2
3	1	1
26	34	39

　　右邊那列3、2、1、39，表示三捆優質稻子、二捆普通稻子、一捆劣質稻子能碾三十九斗米，相當於方程式 $3x+2y+z=39$。

　　中間那列2、3、1、34，表示二捆優質稻子、三捆普通稻子、一捆劣質稻子能碾三十四斗米，相當於方程式 $2x+3y+z=34$。

　　左邊那列1、2、3、26，表示一捆優質稻子、二捆普通稻子、三捆劣質稻子能碾二十六斗米，相當於方程式 $x+2y+3z=26$。

　　漢朝數學家透過變換矩陣消元，《九章算術》記載的第一步變換是「以右行上禾，遍乘中行」，也就是用右列第一項的數字3去乘中間那列的每一項。乘過以後，原始矩陣變換如下：

$$
\begin{array}{ccc}
1 & 6 & 3 \\
2 & 9 & 2 \\
3 & 3 & 1 \\
26 & 102 & 39
\end{array}
$$

　　讓中列每一項減去右列對應項的某個常數倍（這裡取二倍），讓中列減右列，矩陣變換成：

```
1    0    3
2    5    2
3    1    1
26   24   39
```

「又乘其次，亦以直除」，將左邊那列乘以某個常數（這裡乘以3），讓左列減右列，得到：

```
0    0    3
4    5    2
8    1    1
39   24   39
```

「以中行中禾不盡者遍乘左行，而以直除」，讓左列乘以中列未消去的中間項5，再減去中列各項的某個常數倍（這裡取四倍），用左列減中列，得到：

```
0    0    3
0    5    2
36   1    1
99   24   39
```

　　經過以上四步變換，左列數字出現了兩個零，相當於消去了兩個未知數，只剩下36和99，相當於36z=99。用99除以36，得到z=2.75。沿用前面的變換方法繼續消元，並代入求解，得到x=9.25，y=4.25，聯立方程式被完整求解。

　　漢朝沒有小數，數學家只能用分數來表示小數、在《九章算術》裡，這道題的答案是「上禾一秉，九斗四分斗之三；中禾一秉，四斗四分斗之一；下禾一秉，二斗四分斗之三」。

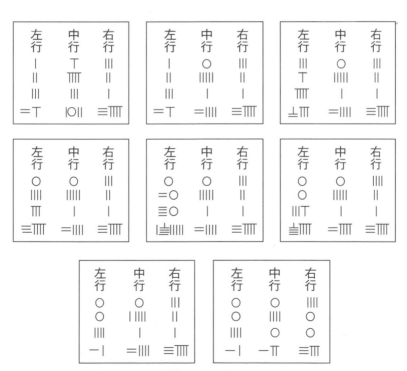

▲中國古人用算籌列出聯立方程式，再用矩陣變換求解的過程

用現代話講，優質稻子每捆碾米九又四分之一斗，普通稻子每捆碾米四又四分之一斗，劣質稻子每捆碾米二又四分之一斗。

　　將聯立方程式寫成矩陣的形式，再用矩陣變換來消元，最後求得聯立方程式的解，這是漢朝數學家求解聯立方程式的方法，也是過去二千年間古代中國絕大多數數學家求解聯立方程式的經典方法。現代高中生或大學低年級學生學習線性代數，遇到比較複雜的聯立方程式，也要轉化成矩陣，再用矩陣變換消元。由此可見，古代中國數學家求解聯立方程式的方法實在非常經典。

❯ 從聯立方程式到正負術

　　漢朝數學家比較死板，他們用矩陣變換消元，總是先用中列各項乘以右列第一項，再減去右列各項的某個常數倍。相減過程有時會碰到不夠減的情形，舉個例子：「今有上禾二秉，中禾三秉，下禾四秉，實皆不滿斗。上取中，中取下，下取上，各以秉而實滿斗。問上、中、下禾實秉各幾何？」

　　優質稻子二捆，普通稻子三捆，劣質稻子四捆，碾出的米分別都不滿一斗。如果在二捆優質稻子裡添加一捆普通稻子，或者在三捆普通稻子裡添加一捆劣質稻子，或者在四捆劣質稻子裡添加一捆優質稻子，剛好都能碾出一斗米。假如

不添加、不摻雜，優質稻子、普通稻子、劣質稻子分別需要多少，才能剛好碾出一斗米呢？

　　做這道題當然要設未知數、列聯立方程式。設 x 斗優質稻子可碾一斗米，y 斗普通稻子可碾一斗米，z 斗劣質稻子可碾一斗米。依照題意，列聯立方程式如下：

$$\begin{cases} ① 2x+y=1 \\ ② 3y+z=1 \\ ③ 4z+x=1 \end{cases}$$

解這個聯立方程式，$x=0.36$，$y=0.28$，$z=0.16$。

漢朝數學家怎麼解呢？還是列成矩陣：

$$\begin{array}{ccc} 1 & 0 & 2 \\ 0 & 3 & 1 \\ 4 & 1 & 0 \\ 1 & 1 & 1 \end{array}$$

　　矩陣第一行是優質稻子，第二行是普通稻子，第三行是劣質稻子，第四行是所碾米數。

　　右列2、1、0、1表示二捆優質稻子，摻一捆普通稻子，再摻○捆劣質稻子，出一斗米；中列0、3、1、1表示○捆優質稻子，摻三捆普通稻子，再摻一捆劣質稻子，出一斗米；左列1、0、4、1表示一捆優質稻子，摻○捆普通稻子，再

摻四捆劣質稻子，出一斗米。

進行矩陣變換，讓中列各項乘以右列第一項，即讓0、3、1、1分別乘以2，得到：

```
1    0    2
0    6    1
4    2    0
1    2    1
```

再用中列減去右列的某個常數倍。為了消元，這裡將常數倍定為6，即讓右列各項都乘以6，得到12、6、0、6。然後讓中列0、6、2、2去減12、6、0、6。

現在問題來了，0減12，不夠減；2減6，也不夠減。怎麼辦？漢朝數學家不管這個，他們硬減，並規定差為負數，例如0減12等於-12，2減6等於-4。又因為漢朝數學家用算籌表示數字，當遇到負數時，為了與正數相區分，就用另一種顏色的算籌表示負數。一般來說，他們會用紅色算籌表示正數，用黑色算籌表示負數。於是，負數和負數的標記法一起橫空出世了。

《九章算術》第八卷專講聯立方程式，有一段文字叫做「正負術」，原文寫道：

「同名相除，異名相益，正無入（一些版本寫作『無人』，

下同）負之，負無入正之。其異名相除，同名相益，正無入正之，負無入負之。」

這段話簡而又簡，玄而又玄，晦澀難懂，歷來有不同解釋，我們以清代數學家戴震（西元一七二四年～一七七七年）的考證為基準，將其翻譯成現代漢語。

同名相除：兩個負數相減（《九章算術》的「除」指的是減），先讓絕對值較大的數減去絕對值較小的數，再替它們的差添上負號。例如-3減-2，先讓3-2，得到1，再添上負號，得-1。

異名相益：正數與負數相加，先讓兩個數的絕對值相減，再取絕對值，最後添上絕對值較大那個數的符號。例如-3加2，-3的絕對值是3，3減2等於1，再添上-3的負號，結果是-1。再比如-4加6，-4的絕對值是4，4減6的絕對值是2，再添上6的正號，結果是2。

正無入負之，負無入正之：一個空位（可以視為零）減去正數，正數會變成負數；一個空位（同上）減去負數，負數會變成正數。例如0減4等於-4，0減-4等於4。

其異名相除，同名相益，正無入正之，負無入負之：符號不同的兩個數相減，先讓其絕對值相加，再添上絕對值較大那個數的符號。例如-3減2，先讓3加2，得5，再添上-3的負號，結果是-5。再比如6減-5，先讓6加5，得11，再添上6的正號，結果等於11。

　　簡言之，至少從漢朝起，中國數學家為了求解聯立方程式，就搞出了負數，而且還制定負數參與加減運算的一套規則，稱為「正負術」。

↘ 「恆山派賣馬」問題

　　乍聽「正負術」這三個字，神祕莫測，彷彿某種神奇武功，其實就是負數參與計算時的一套規則。

　　漢朝數學家初創正負術，只規定負數參與加減運算的規則，不涉及乘除。到了元朝，數學家朱世傑（西元一二四九年～一三一四年）在《算學啟蒙》中明確提到負數參與乘法計算的規則：「同名相乘為正，異名相乘為負。」用現代話講，正數乘正數還是正數，負數乘負數也是正數，正數乘負數得到負數，負數乘正數也得到負數。

▲元代數學典籍《算學啟蒙》

　　朱世傑為正負術增添新規則，並舉了一個用正負術解決實際問題的例子。某人買賣牲畜，賣掉二頭牛和五隻羊，用賣來的錢去買豬，能買十三頭豬，還剩一千錢；賣掉三頭牛和三頭豬，用賣來的錢去買羊，剛好能買九隻羊；賣掉六隻羊和八頭豬，用賣來的錢去買牛，能買五頭牛，但要補上六百錢。請問一頭牛、一隻羊和一頭豬的單價分別是多少呢？用現代數學解這道題。

　　設一頭牛值x錢，一隻羊值y錢，一頭豬值z錢。根據題意，列出聯立方程式：

$$\begin{cases} ① \ 2x+5y-13z=1000 \\ ② \ 3x-9y+3z=0 \\ ③ \ -5x+6y+8z=-600 \end{cases}$$

　　三個方程式相加，剛好消去x，得到$2y-2z=400$。化簡關係式，得到④$y=200+z$；將①的各項乘以3，得到$6x+15y-39z=3000$；將②的各項乘以2，得到$6x-18y+6z=0$；兩個關係式相減消去x，得到⑤$33y-45z=3000$。

　　將④代入⑤，消去y，得到$12z=3600$，求得$z=300$；將$z=300$代入④，得到$y=500$；將y和z的值代入方程式①，得到$2x=2400$，求得$x=1200$。最後驗證一下，將x、y、z的值分別代入聯立方程式，三個方程式均成立。

　　答：一頭牛的單價是一千二百錢，一隻羊的單價是五百錢，一頭豬的單價是三百錢。

　　為聯立方程式消元的過程中，不斷用到負數的計算規則，也就是古代數學家所說的正負術。比如說，為了消去 x，讓三個方程式相加，其中 $5y+(-9y)+6y$，5 加 6 等於 11，11 再加 -9，就是正負術裡的「異名相益」。$-13z+3z+8z$，要計算 -13 加 3，仍然是異名相益。

　　再比如說，方程式①各項乘以 3，方程②是各項乘以 2，3 和 2 都是正數，但方程式裡存在負數項，用負數項乘正數，積為負數，這正是元代數學家朱世傑所說的「異名相乘為負」。只不過，現代人解題經常用到這些規則，早已經習慣成自然，習焉而不察，日用而不覺，不知道它們就是正負術罷了。而在古人眼裡，正負術實在是一項非常了不起的數學成就，是構建和求解聯立方程式的一大利器，有了它，記帳和算帳時都方便許多。

　　為了證明正負術的威力，再舉一個武俠世界的例子。《笑傲江湖》第二十四回，令狐沖帶領恆山派女弟子趕路，路費快花完了，不得已搶了幾匹官馬，在飯店用餐，讓小師妹鄭萼和于嫂賣馬付帳。原文沒寫一匹馬賣多少錢，也沒寫令狐沖等人吃了什麼，更沒寫一頓飯花多少錢。

　　假設賣掉一匹馬，可供令狐沖及恆山眾弟子吃三頓宴席，結餘一兩銀子；賣掉二匹馬，可吃七頓宴席，但要補上二兩銀子；賣掉一匹馬，可吃三頓宴席，額外再替令狐沖買一件衣服，結餘〇・五兩銀子。根據這些資訊，運用正負術

和聯立方程式，能不能推算出一匹馬、一頓飯和一件衣服各值多少錢呢？這是虛構的一個問題，可以命名為「恆山派賣馬問題」。

設一匹官馬能賣 x 兩銀子，令狐沖及眾弟子一頓宴席要花 y 兩銀子，替令狐沖買一件衣服要花 z 兩銀子，列出聯立方程式：

$$\begin{cases} ① \ x-3y=1 \\ ② \ 2x-7y=-2 \\ ③ \ x-3y-z=0.5 \end{cases}$$

用方程式③減方程式①，得到 $-z=-0.5$，兩邊各乘以 -1，負數乘負數，「同名相乘」（兩個符號相同的數相乘），得到 $z=0.5$。再讓方程式①的各項乘以 2，得到④ $2x-6y=2$。④減②消去 x，還剩 y 和兩個常數項。其中 $-6y$ 減 $-7y$，「同名相除」

▲宋朝數學家秦九韶用「正負術」推算物價和賦稅

（兩個負數相減），結果是 $1y$；2 減 -2，「異名相除」（正數減負數，或者負數減正數），結果是 4。$1y=4$，即 $y=4$。

將 $y=4$ 代入①，$x-3 \times 4=1$，$x=13$。

到此為止，馬價 x 有了，飯價 y 有了，令狐沖的衣服價格 z 也有了。答：一匹官馬能賣十三兩銀子，眾人吃一頓宴席要花四兩銀子，令狐沖買一件衣服要花〇‧五兩銀子。

現代國中生學過聯立方程式，也學過負數的計算法則，解這道題，小菜一碟，輕車熟路，絕對不會覺得有什麼難。可是在古代中國，絕大多數學生，包括許多學問一流的士大夫，都沒有機會學習聯立方程式和正負術，如果你在他們面前解這道題，他們會覺得很神奇——哇！僅知道結餘多少銀子和欠缺多少銀子，就能推算出每一樣東西的價格，真是不可思議！

↘ 古代中國有負號嗎？

魏晉時期，有一個數學家劉徽（約西元二二五年～二九五年）為《九章算術》做注解，在正負術部分寫下一句話：「今兩算得失相反，要令正負以明之。」計算過程中遇到意義相反的兩個數，要用正負區分。

打個比方，某大俠劫富濟貧，劫了一百兩銀子，拿出其中八十兩分給饑民。做完這件善舉，大俠如果記帳，應該在帳簿上分別寫下兩個數字，一個是100，另一個是 -80。100 是正數，說明大俠的口袋多了一百兩；-80 是負數，表示大

俠的口袋少了八十兩。

　　當然，如果大俠視金錢如糞土，身上留的錢愈多愈煩惱，只有把錢分出去才開心，那麼他也可以將劫來的一百兩記為-100，將散出去的八十兩記為80。反正都是一正一負，至於是將開銷定為負數，還是將進帳定為負數，要根據大俠的心態和心情決定。

　　不過我們必須注意，古代中國雖有負數概念，卻沒有負數符號。更準確地說，雖然古代中國數學家在這顆星球上率先發明負數的概念和計算規則，以及率先發展出用負數求解聯立方程式的一套成熟演算法，但卻沒有使用現在流行的負數符號。古代大俠記帳不會將負100寫成-100和負80寫成-80的，只能用別的符號或方式表示負數。

　　前文提到漢朝數學家用不同顏色的算籌表示正負數，通常用紅色算籌表示正數，用黑色算籌表示負數。這種表示方法應該是古代中國數學界的主流，因為到了南宋數學家秦九韶撰寫《數書九章》時，仍然提倡「負算畫黑，正算畫朱」，負數用黑色表示，正數用紅色表示。

　　為《九章算術》做注的魏晉數學家劉徽也認可這種標記法，同時還提出

▲算籌正放為正數，斜放為負

21

-21

另一種標記法：「以斜正為異。」用正放的算籌表示正數，用斜放的算籌表示負數。

還有一種方法是南宋數學家楊輝（生卒年待考，十三世紀中葉活躍於江南）提出來的，適用於筆算和文字記錄，即在數字後面添加一個「正」字或「負」字，以此表示正負。例如168記為「一百六十八正」，–168記為「一百六十八負」。

大約與楊輝同時代，金朝數學家李冶（西元一一九二年～一二七九年）提倡在負數的前面畫一道斜槓。例如「\二十六」表示–26，「\三十七」表示–37，「\八〇九」表示–809。這道斜槓也可以畫在用算籌符號寫成的數字前面，例如「\｜｜」表示–2，「\｜｜｜」表示–3，「\一｜｜｜」表示–13。

《笑傲江湖》第二十九回，令狐沖在酒樓自斟自飲，被桃谷六仙見到。六兄弟飛身上樓，緊緊抓住令狐沖，朝窗外大聲喊道：「小尼姑，大尼姑，老尼姑，不老不小中尼姑，我們找到令狐公子了，快拿一千兩銀子來！」

原來恆山派眾弟子想讓令狐沖回去做掌門人，卻找不到他的蹤跡，委託桃谷六仙幫忙尋找。桃谷六仙獅子大開口，索要紋銀一千兩。恆山派眾弟子沒有還價，一口答應，說只要找到令狐沖，甭說一千兩，就是一萬兩，她們也會設法籌款付酬。

桃谷六仙為何非要一千兩呢？因為他們和「夜貓子」計

無施打賭輸了，要賠計無施一千兩銀子。他們正愁沒錢賠付，見恆山派弟子尋訪令狐沖，便張口索要一千兩銀子的尋訪費。桃谷六仙有沒有找到令狐沖？有。一千兩銀子掙到了嗎？原文沒交待。假定桃谷六仙從恆山派掙到了一千兩，隨後又將剛到手的橫財賠給計無施，那麼六兄弟記帳時，應該會這麼寫：

　　某年某月某日，收入一千兩（摘要：尋訪令狐沖所得報酬），付出一千兩（摘要：賠付計無施賭金），結存〇兩。

　　如您所知，古代中國沒有阿拉伯數字，記帳要嘛用文字，要嘛用帳碼（從算籌演化出的數字記號，詳見第一章）。桃谷六仙的帳本上，兩個一千兩有可能寫成這樣：「一千兩正，一千兩負。」或者是：「一千兩，\一千兩。」也可能是：「｜〇〇〇，\｜〇〇〇。」

↘ 打死不認負數的西方數學家

　　大約在隋、唐時期，印度人也認識到負數的存在。古印度數學家兼天文學家婆羅摩笈多撰寫《婆羅門修正體系》，第十二章〈算術講義〉提到負數，並且明確規定負數的加減和乘法規則：負數加負數為負數，負數減正數為負數，正數減負數為正數，負數加零為負數，負數減零為負數，負數乘負數為正數，負數乘正數為負數。

　　婆羅摩笈多怎樣表示負數呢？他用小圓點或小圓圈標記。比方說，在數字1外面畫個圈，1就成了−1；在數字2外面畫個圈，2就成了−2。

　　負數出現在印度，應該比出現在中國晚幾百年，但沒有證據表示印度人從中國引進負數，兩大文明古國應該是各自獨立發明了負數。另外，負數雖然最早出現在中國，但中國人並沒有最早提出負數的乘法規則。前文講過，漢朝數學典籍《九章算術》只寫負數的加減，沒寫負數的乘除，元朝數學典籍《算學啟蒙》才出現「同名相乘為正，異名相乘為負」。換言之，在搞定負數的計算規則上，印度數學家可能比中國數學家要更早一步。

　　西方就晚得多了，當中國人和印度人興致勃勃使用負數解決問題時，西方數學家既不認識負數，也不認可負數。古希臘是早期西方數學的中心，歐幾里得的《幾何原本》是古典數學大廈的地基，可是該書沒有提到負數，一個字都沒有。

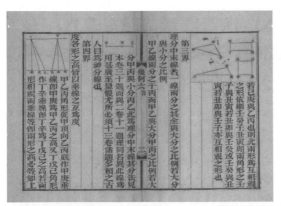

▲明代學者徐光啟與傳教士合作，將《幾何原本》翻譯成中文出版

　　大約在魏、晉時期，古希臘數學家丟番圖（Diophantus，約西元二四六年～三三〇年）橫空出世，以一己之力奠定代數學的基礎，發明了一次方程式和二次方程式的通用解法，還能求解個別的三次方程式和不定方程式。但是，這位「代數學之父」卻將負數當成「荒謬的東西」，「不能也不應該予以考慮」。他解方程式時，如果算出負數根，就像垃圾一樣扔掉。

　　據說，丟番圖的墓碑上刻著一道數學題，大意如下：「這裡埋葬著丟番圖，幸福的童年占據他一生的六分之一；又過了十二分之一，他開始長鬍鬚；又過了七分之一，他娶了妻；結婚後五年，他生了兒子；可他兒子只活到他的一半，就撒手西去；他在兒子去世的悲痛中活了四年，也一命歸西。」這道題可以推算丟番圖究竟活了多少歲。設他的一生有 x 年，列出方程式：$x-(\frac{x}{6}+\frac{x}{12}+\frac{x}{7}+5+\frac{x}{2}+4)=0$

　　解這個方程式，$x=84$。說明丟番圖活了八十四歲，在那個時代，這可是高壽。

　　搞哲學的人，長壽居多，孔子活了七十二歲（若按古人算年齡的方法，應是七十三歲），孟子八十三歲，墨子九十二歲，蘇格拉底（Socrates，西元前四七〇年～前三九九年）七十歲，柏拉圖（Plato，西元前四二九年～前三四七年）八十歲，德謨克利特（Democritus，西元前四六〇年～前三七〇年）九十歲，牛頓（Isaac Newton，西元

一六四三年～一七二七年）八十五歲，英國哲學家伯特蘭‧
羅素（Bertrand Russell，西元一八七二年～一九七〇年）則
活了近百歲。丟番圖以八十四歲高齡去世，在哲學家的長壽
陣營裡屬於正常，還不算特別長壽。

　　您可能會說，丟番圖是數學家，不是哲學家。其實在西
方傳統學術圈，數學和哲學不分家。以偉大的牛頓爵爺為
例，他老人家在數學和物理學領域都卓有建樹，但卻把自己
的物理學巨著命名為《自然哲學的數學原理》。說實話，那
些思辨式哲學大多是不嚴謹的人生感悟，只有數學才是真正
顛撲不破的哲學。

　　扯遠了，繼續說負數。說到用方程推算丟番圖的年齡，
還有一道數學題，也是推算年齡的，但是算出來的答案不合
常理：「爸爸五十六歲，兒子二十九歲，請問再過幾年，爸
爸的年齡是兒子的兩倍？」

　　假設再過 x 年，爸爸年齡是兒子的兩倍，列出方程式：

$56+x=(29+x)\times2$

　　把右項乘出來，移項，解得 $x=-2$。

　　再過 -2 年，爸爸年齡是兒子的兩倍。這個答案當然不
可靠——既然「再過」幾年，默認的答案就不可能是負數。
可是單看方程式，確實只有一個根，這個根就是 -2。

　　這道題是英國數學家德摩根（De Morgan，西元一八〇
六年～一八七一年）在一八三一年設計出來的，他想用來證

明負數的荒謬性。德摩根解方程式遇到負根就捨去，因為「負數不合常理」。比德摩根更早的另一位英國數學家馬塞雷（Francis Maseres，西元一七三一年～一八二四年），劍橋大學數理學院研究員和皇家學會成員，一七五九年發表《專論代數中的負號》，主張捨去方程式的負數解，因為「負數只會把方程式的理論搞得模糊」。

　　歐洲其他國家的數學界也是一樣，法國數學家韋達（F. Vièta，西元一五四○年～一六○三年）完全排斥負數概念；法國數學家帕斯卡（Blaise Pascal，西元一六二三年～一六六二年）認為0減去4「純屬胡言亂語」；義大利數學家斐波那契認為形如$x+36=33$這樣的方程式無解，因為求得$x=-3$，而-3是無意義的數。

　　也有接受負數的西方數學家，例如文藝復興時期的義大利數學家、《代數學》的作者拉斐爾・邦貝利（Rafael Bombelli，西元一五二六年～一五七二年），他替負數下了一個既簡練又精確的定義：「負數是小於零的數。」但在西方數學界，這樣的數學家不是主流，一直到十八世紀前，歐洲大多數數學家都覺得負數不可理喻，沒必要存在。

　　有趣的是，雖然說西方數學界很晚才接受負數，但現在世界通用的負數符號卻是由西方發明的。一五八五年，荷蘭數學家西蒙・斯蒂文（Simon Stevin，西元一五四八年～一六二○年）用減號–做為負號（此人發明的小數標記法卻

▲率先用減號做負號的荷蘭數學家西蒙·斯蒂文

很不高明，他把 3.654 寫成 3⊙6①5②4③，在每個小數位後面加上序號，既囉嗦，又讓運算不方便）。一六二九年，荷蘭數學家阿爾伯特·吉拉德（Albert Girard，西元一五九三年～一六三二年）在《代數學的新發明》中為負數正名，把負數和正數擺在同等重要的地位，並重申用減號－做為負號的表達方式。此後二、三百年，－漸漸成為各國認可的負號，一直沿用到今天。

↘ 怎樣理解負負得正？

　　現代小朋友很幸運，小學階段就能接觸負數，了解負數是表示與正數意義相反的量，知道在正數前面加上－就是負數，理解 0 是正數和負數的分界，會用正數表示收入，以負數表示支出。放在幾百年前根本不可想像，因為當時連一些天才級的大數學家都不認識負數。

　　不過現代小朋友也很不幸，因為一旦學到負數的乘法，特別是負數乘負數就糊塗了：老師要小朋友記住負負得正，

但兩個負數相乘為什麼變成正數呢？昨天零下四度，今天零下五度，兩個負溫度相乘，就變成零上二十度嗎？小明的爸爸早上花三十元，晚上花五十元，如果 −30 乘以 −50 等於 1500，小明爸爸的錢豈不是愈花愈多嗎？

只懂死記、硬背的孩子不會問這些問題，只有喜歡思考的孩子才會問。當他們舉手發問時，老師不一定能提供合理的解釋，可能會說一句：「1 比 2 小是人為規定，負負得正也是人為規定，不用問那麼多，記住就行了。」

其實，1 比 2 小不僅是規定，也可以證明；負負得正不只是規定，同樣可以證明。但假如老師能拿出嚴格的證明過程，一定比證明畢氏定理複雜得多，小朋友們又怎麼看得懂呢？正所謂你不說我還明白，你愈說我愈糊塗。

著名育種學家、雜交水稻之父、為全球糧食增產貢獻最大的袁隆平，小時候也被負數弄糊塗過。他說喜歡外語、地理和化學，最不喜歡數學，因為學負數時，搞不清楚負負相乘為什麼得正數，去問老師，老師的回答簡單粗暴：「沒為什麼，你記住就行了。」這段經歷讓他很不舒服，以為數學是「不講理的學科」，從此失去興趣。

大約兩個世紀前，法國作家司湯達（Stendhal，本名馬利–亨利·貝爾〔Marie-Henri Beyle〕，西元一七八三年～一八四二年）上學時，認為負負得正不合理，向數學老師迪皮伊請教：「如果負負得正，那麼一個人該怎樣把五百法郎

▲法國作家司湯達曾經對「負負得正」困惑不解

的債與一千法郎的債乘起來，才能得到五十萬法郎的收入呢？」老師「只是不屑一顧地笑了笑」。司湯達又找補習學校的數學老師夏貝爾請教，夏貝爾十分尷尬，只能不斷重複課程內容，並告誡司湯達說：「這是慣用格式，大家都這樣認為，連數學家尤拉（Leonhard Eular，西元一七〇七年～一七八三年）和拉格朗日（Joseph Lagrange，西元一七三六年～一八一三年）都認為此說有理，你就別標新立異了。」

多年以後，司湯達寫回憶錄，對兩位老師都沒什麼好評價：「迪皮伊先生很可能是個迷惑人的騙子，夏貝爾先生只是個愛慕虛榮的小市民，他們根本提不出什麼問題，更解答不出問題。」

許多小朋友喜歡閱讀法國作家兼昆蟲學家法布爾（Casimir Fabre，西元一八二三年～一九一五年）的《昆蟲記》。法布爾年輕時，錢包裡缺錢，為了能在研究昆蟲期間填飽肚子，必須兼職當家庭教師。他教過的學生問他：「法布爾先生，為什麼兩個負數的乘積是一個正數，而不是一個絕對值更大的負數呢？」法布爾當時不知道怎麼回答，但態度很誠懇：「對

不起，我也不明白為什麼，讓我們一起搞懂其中的道理吧！」
最後法布爾真的想出了解釋負負得正的辦法，他的解釋思路
是這樣的：

假設從一月一日開始，小明每天花十元，記為–10。到
一月三日，總共花掉三個十元，記為3×（–10）=–30。

現在讓時間倒流，從一月三日往前推，總消費每天將減
少十元。因為是倒推，每倒推一天應記為–1，總消費每減
少十元應記為–10。倒推到一月一日，–3×（–10）=30，小
明的三十元又回來了。

負的時間乘以負的開銷，得到正的金錢，所以，負負得
正。其實還有一種解釋思路，用武俠人物舉例子。

《倚天屠龍記》第三十一回，明教教主張無忌尋找金毛
獅王謝遜，被「混元霹靂手」成崑誤導，在河北大兜圈子，
從盧龍縣跑到三河縣，又從三河縣跑到香河縣，再從香河縣
跑到寧河縣（今屬天津市寧河區），始終不見謝遜蹤影，最
後發覺上當，一怒之下買匹快馬，重新回到盧龍縣，以一人
之力砸了丐幫總舵的場子。

假定張無忌在星期一凌晨從盧龍出發，每天奔跑一百華
里，星期三深夜抵達寧河。星期四早上，張無忌發現上當，
順著原路騎馬返回盧龍，每天行程一百五十華里。星期五晚
上，他將抵達盧龍。當初從盧龍出發，日行一百華里，記為
+100；後來返回盧龍，日行一百五十華里，因為是返程，

應該記為-150。時間呢？從星期一到星期三，三天時間正常流逝，記為3；從星期四到星期五，兩天時間也是正常流逝，記為2。

前三天的行程：100×3=300華里。正數乘正數，還是正數。

後兩天的行程：-150×2=-300華里。負數乘正數，等於負數。

現在開啟時間倒流模式。從星期五到星期四，過了-2天，每天返回一百五十華里變成每天前進一百五十華里，-150變成150。時間倒流兩天，150×（-2），結果還是負三百華里。正數乘負數，等於負數。

星期三到星期一，過了-3天，每天前進一百華里變成每天返回一百華里，100變成-100。時間倒流三天，-300×（-3），結果是三百華里。負數乘負數，等於正數。

-100×（-3）=300有什麼實際含義呢？就是時間每倒流一天，張無忌就少跑一百華里。時間倒流到星期一早上，張無忌總共少跑三百華里。

◥ 好孩子進城，壞孩子出城

為了理解負負得正，我們不惜讓時間倒流。時間真的會倒流嗎？目前的物理定律和科技水準都不支持這一點。好，

再換個思路，叫做「好孩子壞孩子模型」：好孩子走得端行得正，用正數表示；壞孩子是負面典型，用負數表示。假設有一座城池，每天都有人進來，也有人出去。有人進來時，城裡人口增加，用正數表示；有人出去時，城裡人口減少，用負數表示。某個好孩子進城，我們記為 $1 \times 1 = 1$，意思是城裡多了一個人，這個人是好人，相當於正數乘正數得到正數。

　　如果這個好孩子出城，應記為 $1 \times (-1) = -1$，意思是城裡少了一個人，這個人是好人，相當於正數乘負數變成負數。

　　某個壞孩子進城，我們記為 $-1 \times 1 = -1$，意思是城裡多了一個人，但這人是壞人，相當於負數乘正數還是負數。

　　如果這個壞孩子出城，應記為 $-1 \times (-1) = 1$，意思是城裡雖然少了一個人，但這人是個壞人，壞人離開是全城人民的福氣，相當於負數乘負數得到正數。用「壞孩子出城」理解負負得正，是不是突然變得好懂多了？

　　金庸先生創作《俠客行》，塑造一正一邪的兩個人物，分別叫石破天和石中玉。石破天善良、誠懇、捨己為人，是典型的好孩子；石中玉陰險、奸詐、殘忍好殺，是典型的壞孩子。該書前半部，玄素莊主石清夫婦尋找愛子，誤把石破天認作兒子；該書後半部，石中玉被俠客島「賞善罰惡二使」揪了出來，與石清夫婦相認，石破天則黯然離開；到了結尾，石中玉又被武林怪傑謝煙客帶走，離開了石清夫婦。

　　從石清夫婦的角度講，兒子歸來是正，兒子離開是負；從道德評判的角度講，石破天那樣的好孩子是正，石中玉這樣的壞孩子是負。當石清夫婦收留石破天，並把石破天當作親生兒子時，相當於正數乘正數，還是正數；後來知道認錯人，與石破天分離，相當於負數乘正數，得到負數；再後來真正的親生兒子石中玉回到身邊，也相當於負數乘正數，還是負數；最後石中玉被謝煙客發配摩天崖，與壞孩子出城類似，負數乘負數，負負得正。

　　不過，數學不是講故事，更不是打比方，好的比方只能幫助理解某個知識，不能證明那個知識就是正確的。前面所舉的例子，無論是石清夫婦認錯兒子，還是張無忌在河北亂走冤枉路，都不足以證明負負得正的正確性。

　　怎麼才能證明負負得正呢？

　　我們可以設任意兩個正數，分別用 a 和 b 表示。相應的，$-a$ 和 $-b$ 就代表任意兩個負數。根據「零減正數等於負數」的法則，我們可以得到 $-b=0-b$。

　　任意兩個負數相乘，就是 $-a$ 乘以 $-b$，會有以下等式：

$$(-a) \times (-b)$$
$$= (-a) \times (0-b)$$
$$= (-a) \times 0 - (-a) \times b$$
$$= 0 - (-a \times b)$$
$$= 0 + a \times b$$
$$= a \times b$$

　　既然−a和−b的乘積等於a和b的乘積，那麼負數乘負數必然會得到正數，這就是負負得正的一種簡單證明方法。

　　平心而論，這個證明過程並不嚴謹，但對還在讀小學和國中的學生來講已經足夠了。如果一個老師諄諄善誘，說明完時間倒流和壞孩子出城，再把這個證明演示一遍，我相信絕大多數孩子對負負得正的理解都會更上一層樓。

　　教育需要耐心，數學教育更需要耐心。如果孩子們不喜歡數學，覺得太難，並不是因為笨，而是因為老師沒有足夠的耐心，或者沒有找到合適的方法。有的老師解題能力超強，能手撕高次方程式，會手算三角函數，但卻教不會孩子，為什麼？耐心不夠和方法不對而已。

　　金庸武俠裡的金毛獅王謝遜，武功高強，卻不擅長傳授武功。張無忌是他的義子，小時候在冰火島上跟他學武功，他不按循序漸進的路子來，直接教轉換穴道、衝破穴道等高深功夫。張無忌還沒打牢基礎，連穴道都認不清楚，怎麼學得會？但只要學不會，他就「又打又罵，絲毫不予姑息」。

　　張無忌的母親殷素素見兒子身上青一塊、紫一塊，甚是心疼，勸謝遜道：「大哥，你武功蓋世，三年五載之內，無忌如何能練得成？這荒島上歲月無盡，不妨慢慢教他。」謝遜卻說：「我又不是教他練，是教他盡數記在心中。」殷素素很奇怪：「你不教無忌練武功嗎？」謝遜說：「哼，一招一式練下去，怎來得及？我只是要他記著，牢牢記在心頭。」

　　《倚天屠龍記》第八回，謝遜用提問的方式測驗張無忌，「甚至將各種刀法、劍法，都要無忌猶似背經書一般地死記。」「只要背錯一個字，謝遜便重重一個耳光打過去。」我相信，天底下任何一個小朋友都不會喜歡謝遜這樣的老師，任何一個老師按照謝遜強行要求死記硬背、背不熟就打的方法去教數學，都會讓孩子們對數學深惡痛絕。

　　您說呢？

第四章

乘除祕笈

➘「銅筆鐵算盤」黃真怎樣做乘法？

《碧血劍》第七回，袁承志破了五行陣，將溫氏五老打得一敗塗地，還點了其中四老的穴道。五老的老大溫方達替四個兄弟解穴，推功過血良久，始終解不開，只得忍氣吞聲，求袁承志幫忙。

袁承志正要出手，卻被綽號「銅筆鐵算盤」的大師兄黃真攔住。只見黃真一邊撥弄算盤，一邊搖頭晃腦念著珠算口訣，六上一去五進一，三一三十一，二一添作五，說個不停，最後向袁承志道：「你替他們解穴，總要收點診費，這四位老爺子，一個人四百石上等白米！」

袁承志說：「一人四百石，那麼一共是一千六白石了？」黃真大拇指一豎，讚道：「師弟，你的心算真行，不用算盤，就算出一個人四百石，四個人就是一千六百石。」

「石」是容量單位，明朝末年（《碧血劍》以明末為時代背景），一石約有九十公升，能裝一百多斤大米，黃真讓袁承志收取一千六百石大米，就是十幾萬斤，這筆「診費」確實不少，著實讓溫氏五老破費了。至於黃真裝模作樣撥弄算盤，其實是故意消遣敵人，一個人四百石，四個人一千六百石，超級簡單的心算，用不著撥算盤。

假如是比較複雜的計算呢？比方說每人是六百二十三石；需要袁承志解穴的不是溫家四老，而是連溫家五老再加

一大幫徒子徒孫，總共四十七人。此時再做心算就有些難度了，黃真還真要撥弄鐵算盤才行。623×47有好幾種珠算方法，以下講相對好理解的一種。

首先要了解算盤的構造：上下兩個檔，上檔若干排算珠，每排各是兩顆，每顆代表5、50、500、5000……下檔也是若干排算珠，每排各是五顆，每顆代表1、10、100、1000……

第一步，在算盤上左右兩個合適的區域，分別撥出乘數47和被乘數623；第二步，用47的個位7，乘以623的個位3，心算出21。再用47的十位4，乘以623的個位3，心算出120。在算盤上撥出120與21的加和141。

▲ 1.把623和47撥入算盤

▲ 2.分別用47的個位和十位，乘以623的個位

第三步，用47的個位7，乘以623的十位2，心算出140，與前面的141累加，撥出281。再用47的十位4，乘以623的十位2，心算出800，與前面281累加，撥出1081；第四步，用47的個位7，乘以623的百位6，心算出4200，與前面1081累加，撥出5281；再用47的十位4，乘以623的

百位6，心算出24000，與前面5281累加，撥出29281。

▲ 3. 分別用 47 的個位和十位，乘以
623 的十位

▲ 4. 分別用 47 的個位和十位，乘以
623 的百位

　　現代小朋友計算多位數乘法會列出豎式，分步相乘，錯位相加。例如623×47，一般要把數位較多的623寫在上面，數位較少的47寫在下面，兩個數的個位與個位對齊，十位與十位對齊，並且在47底下劃一條長長的橫線。先讓623乘以7，在橫線下面寫出第一行乘積：4361；再讓623乘以4，在橫線下面寫出第二行乘積：2492。鑑於623乘的其實不是4，而是40，所以第二行乘積其實是24920，所以要讓4361與2492錯位對齊，上下相加，得到最終乘積：29281。

　　將豎式筆算和傳統的珠算做比較，原理其實相同，都是用一個數分別去乘另一個數的不同數位，再把每一步的乘積累加起來。要說差別呢？現代豎式看似更簡潔，古代珠算看似很麻煩。其實不然，我們覺得珠算麻煩是因為不會，或者不熟練。現代小學四年級或五年級學生可能會為了訓練多位數乘法的筆算技能，算上幾千幾萬道題，如果拿出同樣的精力和時間練習珠算，必然也能做到不假思索，信手拈來，劈

里啪啦地秒算相當複雜的乘法。

　　當然，科技發展到目前的地步，人工計算基本上已經脫離日常生活，無論筆算還是珠算，以及各種設計巧妙的心算，都沒必要耗費太多精力練習。真正應該拓展的不是計算速度，而是計算方法和計算思想。例如前面列舉的珠算例子623×47，古人為什麼要那樣算？為什麼要用47依序去乘以623的個位、十位和百位？可不可以把順序顛倒過來？可不可以改變算盤的結構，甚至改進一下，讓計算變得更簡單、更快捷、更容易理解和掌握？如果我們是古人，有沒有可能拋開算盤，發明一種也許比算盤還要強大的計算工具呢？

　　類似這樣的想像、思考和實驗才有魅力、有意義，才是數學的本來面目。像現代絕大多數中、小學那樣，讓孩子們把大好青春耗在計算訓練上，那不叫數學教育，只能叫算術教育。

↘ 那些用算盤當武器的武林高手

　　古代沒電腦，沒計算器，也沒有孕育出列豎式做筆算的傳統，人們做乘法，除了掰指頭以外，只能借助結構簡單的計算工具，例如算盤。算盤是從什麼時候開始流行的呢？

　　北宋名畫《清明上河圖》上畫了一家藥鋪，掛著「趙太丞家」的招牌，藥鋪臨街，大門敞開，進門就是櫃檯，上頭

橫放一個長方形木器，木器上擺著一些圓圓的東西。有人說那個木器就是算盤，圓圓的小東西就是算珠，說明算盤在北宋已被商家使用。可是，用放大鏡仔細辨認，長方形其實是木盒子，圓圓的是銅錢。也就是說，圖上畫的並非算盤，而是收銀臺。

　　唐朝數學教材《數術記遺》提到一個詞：珠算。但是，書裡既沒有算盤和算珠的圖樣，也沒有介紹「珠算」的規則，我們不能望文生義，看見「珠算」就以為是算盤珠，也許這個詞在當時指的是計數用的小珠子，也許是關於珍珠價格的某種演算法。

　　算盤真正流行，可能始於南宋後期或元朝初年。元朝畫家王振鵬在一三一○年畫了一幅《乾坤一擔挑圖》，畫的是一個貨郎挑著貨郎擔，擔子上放著一把算盤。連貨郎這種走街串巷的底層小本生意人都用算盤，說明算盤已經普及。

▲明朝珠算名家程大位《算法統宗》及其畫像

到了明朝，珠算名家程大位專門寫了一本介紹珠算規則和珠算技巧的實用書籍《算法統宗》。算盤在這本書裡簡直無所不能，不僅可以用來

做加減乘除，還能進行特別複雜且精密的開平方和開立方運算。

　　武俠小說家塑造江湖人物，算盤是經常出現的道具。《笑傲江湖》裡令狐沖的幾個師弟，在衡陽城中喬裝打扮，「有的是腳夫打扮，有個手拿算盤，是個做買賣的模樣。」《天龍八部》的伏牛派高手崔百泉，在大理段王府隱姓埋名，偽裝成帳房先生，當然更離不開算盤，而且他本來就用算盤當武器，「隨身攜帶一個黃金鑄成的算盤，那七十七枚算珠，隨時可以脫手傷人」。

　　溫里安在《落日大旗》更是一口氣塑造了三個用算盤做兵器的高手：一個是綽號「絕命算盤」的錫無後，一個是「算盤先生」包先定，還有一個是「金算盤」信無二。這幾個人的算盤或用純鐵打造，或用黃金打造，能鎖拿對手刀劍，能拍打敵人要穴，同時還能製造噪音，讓人頭昏腦脹——幾十顆算盤珠彼此碰撞，響個不停，雜亂無章，沒有韻律，要多難聽有多難聽。

　　《落日大旗》以北宋末年為背景，《天龍八部》以北宋中葉為背景，《笑傲江湖》沒有明寫時代背景，但看書中人物的服

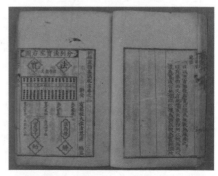

▲《算法統宗》裡的算盤圖樣

飾、飲食和購物習慣，應該是明朝。明朝是算盤發展的成熟期，算盤承包了各個行業的計算工作，令狐沖的師弟拿著算盤出場，很正常，很合理。但崔百泉和那三位使算盤的高手與時代背景未必吻合，因為現有的文獻證據和考古證據都不能證明北宋有算盤。

▲梁山好漢「神算子」蔣敬手持算盤的剪紙肖像

梁山一百零八條好漢中有一位非常不起眼的「神算子」蔣敬，此人原為落科舉子，科舉不成，棄文習武，會一些槍棒功夫，與「摩雲金翅」歐鵬、「鐵笛仙」馬麟、「九尾龜」陶宗旺等人在黃門山落草為寇，當了土匪。宋江發配江州，醉後酒樓題反詩，押往刑場，梁山群雄發兵營救，歸途經過黃門山，蔣敬跟隨宋江加入梁山大本營。論武功，論計謀，蔣敬都不出色，他對梁山泊的最大貢獻是記帳和算帳。他掌管後勤、倉庫和錢糧出入事項，條理明晰，計算精準，「積萬累千，纖毫不差。」

《水滸傳》成書於元末明初，當時已有算盤，但蔣敬的綽號「神算子」並非來自算盤。算盤問世後，即使在明朝和

清朝前期，仍有人堅持傳統，用算籌加減乘除。神算子的「算子」不是算盤珠，而是算籌的俗稱。

↘ 抓一把牙籤，你就是神算子

　　遙想當年，祖沖之推算圓周率時，劉徽推算太陽高度時，一行禪師推算子午線長度時，算盤還沒有發明出來，他們只能用算籌做計算。

　　算籌能做乘法嗎？當然能。還是 623×47，前面用算盤算過，現在再用算籌算一回。手邊沒有算籌，可以用筷子代替。要是嫌筷子太長，抓一把牙籤也一樣能算。

　　先用牙籤把這兩個數字擺出來，623 在右上，47 在左下，47 的個位 7 與 623 的百位 6 對齊，當中留出一片空地，用來存放乘積。

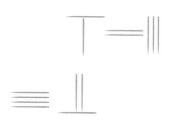

▲右上為 623，左下為 47

　　第一步，讓 623 的百位 6 乘 47，得 282（實際是 28200）。將 282 擺在中間空地上，並將 623 的 6 去掉，表示這個數位上的數已經乘過，不能再用了。

　　第二步，讓 623 的十位 2 乘 47，得 94（實際是 940）。將 94 擺在 282 右下方，讓 94 的最高位 9 與 282 的個位 2 對齊，

並將623的2去掉。

　　第三步，讓623的個位3乘47，得141。將141擺在94右下方，讓141的最高位1與94的9對齊，並將623的3和47統統去掉。

　　第四步，將錯位對齊的282、94和141加起來，在最下面擺出得數：29281。

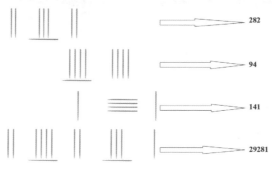

▲ 623×47的籌算結果

　　用算盤計算時，我們是將47依序乘以623的個位、十位和百位，每得到新的乘積，就與前一步的乘積錯位相加，隨乘隨加，邊乘邊加。用算籌計算，則是將623的百位、十位和個位依序去乘47，將每一步乘積都擺出來，最後再錯位相加，加和就是正確的乘積結果。現代小朋友列豎式做筆算，是將623和47按照數位上下對齊，先用47的個位7乘以623，得到4367，再用47的十位4乘以623，得到2492，最後將2492和4367錯位相加。

　　珠算、籌算、筆算，三種演算法的計算順序有所不同，但基本思想完全一致，都要將不同數位依序相乘，把乘積錯位相加。

　　比較起來，筆算需要的工具最簡單，一張紙、一支筆即可。哪怕沒有紙筆，折一根樹枝，在泥土地上也能列豎式。珠算必須有一把算盤，籌算必須有一捆算籌（或者牙籤、筷子、火柴棒），都沒有紙筆簡省輕便。

　　如果對比計算速度，珠算會比籌算快得多，也比筆算快。過去很多農民不識字，卻能把算盤口訣背得滾瓜爛熟，打起算盤有如神助，算盤珠劈里啪啦，手上不停，嘴裡報數，疾風驟雨，電閃雷鳴，彷彿高手過招，只能用「說時遲，那時快」來形容。

　　好在我們有計算機和電腦幫忙，不必再學珠算，更不必學習籌算。但是，學多位數乘法的小朋友如果行有餘力，不妨也接觸珠算或籌算，如此觸類旁通，可以加深對豎式計算法則的理解。

　　再者說，學會了籌算，週末和爸爸、媽媽參加飯局，順手抓一把牙籤，像變魔術一樣，表演多位數相乘，再一臉淡定地告訴大家：「當年祖沖之就是這樣推算圓周率的。」那會很酷，讓爸爸、媽媽顏面有光，倍有面子，是不是？

　　只會乘法還不夠酷，應該再學學籌算的除法。還是同一把牙籤，我們來算一個簡單的題目，368÷4。

上行布商：

中行布實：368　　｜｜｜　Ⅰ　｜｜｜

下行布法：4　　｜｜｜｜

▲368÷4的籌算布局

在《九章算術》、《孫子算經》、《數書九章》等數學典籍裡，被除數叫做「實」，除數叫做「法」（如果做乘法運算，則被乘數為實，乘數為法）。368÷4，368就是實，4就是法。

籌算除法，要找一片空地，將法擺在最下一行，實擺在中間一行，實的最高位（這裡是3）對齊法的最高位（這裡是4），最上面則擺商。

上行布商：　　　　｜｜｜｜　｜｜

中行之實，隨除隨撤，如能除盡，則此處不留算籌；否則，所留算籌即為餘數

下行法不動　　｜｜｜｜

▲368÷4的籌算結果

第一步，用368的最高位對4試除，3除以4，不夠除，將商右移一位，用36除以4，得9；第二步，將9擺在368的上面，與6上下對齊，然後將368裡的36撤去；第三步，中行之實只剩8，8再除以4，得2；第四步，將2擺在9的後面、8的上面，與8上下對齊，然後將中行的8也撤去；第五步，觀察整個布局，中行之實已全部撤去，說明可以除盡，沒有餘數，最上面那一行的92就是368除以4的商。

如果碰到除不盡的數呢？例如418÷5，還是將418這個

實擺於中行，5這個法擺於下行，讓實的最高位4和法的最高位5上下對齊。

第一步，4除以5，不夠除，將商右移一位，用41除以5。估商為8，五八四十，41減40，餘1；第二步，將第一步所估之商8擺在418上面，讓8與1上下對齊，然後撤去418的4；第三步，中行之實變成了18，18除以5，估

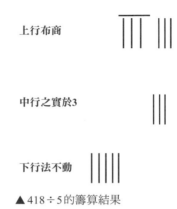

上行布商

中行之實於3

下行法不動

▲418÷5的籌算結果

商為3，三五十五，18減15，餘3；第四步，將第二步所估之商3擺在18上面，讓3與8上下對齊，然後撤去18，將餘數3擺在中行；第五步，觀察整個布局，上行之商為83，中行之實剩3，說明418除以5，商是83，餘數是3。

↘ 學會除法，獨霸天下

古人做籌算、做珠算，與現代筆算原理相通，形式和術語不同。明朝珠算祕笈《算法統宗》有云：「歸除法者，單位者曰歸，位數多者曰歸除。」作者程大位整理出用算盤做除法的「歸除法」：如果除數是個位數，這種除法叫做「歸」；如果除數是多位數，這種除法叫做「歸除」。

　　418÷5和368÷4的除數都是個位數，所以都是「歸」。如果變成5÷418，4÷368，或者300÷65，1038÷122，形如這樣的計算，除數都是多位數，都屬於「歸除」。

　　做歸，適合籌算，也適合珠算，算起來都很簡單。做歸除，珠算遠比籌算簡單快捷，但卻要背熟一整套歸除口訣，還要經過一段時間的實踐操作，才能在算盤上熟練歸除。

　　歸除口訣很長，我們聽得最多的應該是「二一添作五」，含義其實是10÷2=5——珠算時遇見10除以2，不用思考，立刻在中間空擋上撥出5。

　　二一添作五後面是「逢二進一十」（20÷2=10）、「逢四進二十」（40÷2=20）、「逢六進三十」（60÷2=30）、「逢八進四十」（80÷2=40）、「三一三十一」（10÷3=3餘1）、「三二六十二」（20÷3=6餘2）、「逢三進一十」（30÷3=10）、「逢六進二十」（60÷3=20）、「逢九進三十」（90÷3=30）、「四一二十二」（10÷4=2餘2）、「四二添作五」（20÷4=5）……最後直到「見八無除做九八」（80÷8=9餘8）、「見九無除做九九」（90÷9=9餘9）。

　　現代小朋友學習乘法，必須背熟九九乘法表；明、清小朋友學習除法，必須背熟歸除口訣。背熟以後，遇到個位數除以個位數和兩位數除以個位數，無須心算，也不用試商，迅速在算盤上撥出正確的商和餘數。至於多位數除多位數，則能分解成個位數除以個位數或兩位數除以個位數。比如說

10600÷20，相當於1060除以2，先拿10除以2，二一添作五，馬上在中間空擋撥出5；剩下60除以2，逢六進三十，馬上又在中間空擋數位5面後撥出30。前後最多兩秒鐘，10600÷20=530這個結果就躍然於算盤之上了。

《算法統宗》收錄大量多位數相除習題，我們隨機摘抄一道，體驗珠算除法的強大。

「今有米二十石，作五萬人分之，問每人該米若干？」現在有米二十石，平均分給五萬人，每人能分到多少米呢？

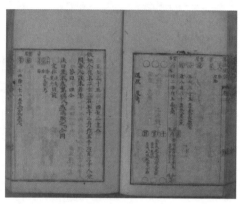

▲《算法統宗》的歸除例題

第一步，置盤定位。實（被除數）為20，法（除數）為50000，可將實化為2，將法化為5000。在算盤左側合適位置撥出2，右側合適位置撥出5（算盤無法直接表示零，只能在心裡記住這個5代表5000）；第二步，單歸計算。2÷5，五二倍做四，在中間合適位置撥出4，也可以直接將被除數2撥為4；第三步，讀出結果。商撥為4，實際上前面還有三個小數零，應該讀為0.0004。

二十石米，五萬人均分，每人能分〇‧〇〇〇四石，即

〇‧〇〇四斗，或〇‧〇四升，或〇‧四合，或者四勺。勺、合、升、斗、石，均為古代容量單位，相鄰單位之間均為十進位關係。

▲日本早稻田大學圖書館收藏的《算法統宗》

《算法統宗》誕生於萬曆二十年（西元一五九二年），當時《碧血劍》的袁承志尚未出生，《倚天屠龍記》的張無忌應該已去世，《笑傲江湖》的令狐沖也許健在，但《笑傲江湖》沒有明寫歷史背景，所以我們不能確定令狐沖與《算法統宗》的作者程大位孰先孰後。不管怎麼說，至少從十六世紀末開始，算盤已經成為中國最重要也最走紅的計算工具，用算盤做加減乘除、做開方、做乘方，乃至解方程式、推曆法，種種演算法均已十分成熟。

不過十六世紀末，在東鄰的日本，算盤才剛傳入，絕大多數日本人還沒有掌握珠算，甚至於連除法都不會。那時日本人做除法，要透過累減才能搞定。

比如6÷2，日本人的演算法是讓6減2，再減2，再減2。累減三次，6變為0，所以6除以2的商是3；再比如13÷5，讓13減5，再減5。累減兩次，13變為3，再減5，不夠減，所以13除以5的商是2，餘3；又比如1000÷2，這

就難了，要不停地減2，減一次，減兩次，減三次……減到五百次後，1000才變為0。這樣計算既耗時，又容易出錯，減著減著就忘記減多少次，也忘了還剩多少尚未減。

更要命的是，$2 \div 1000$，小數除以大數，這種算式不僅合乎數學規範，而且擁有實際意義（例如把二石米均分給一千人），但在日本人眼裡卻成為怪題，因為他們用2減1000，根本無法減。

是日本人太笨嗎？不能這麼說。古埃及、古希臘、古羅馬擁有燦爛的數學文明，但留下來的數學典籍和手稿也沒有涉及除法。用累減進行除法運算，或者把除法運算理解成累減，極可能是原始數學的共同特徵。中國漢朝的數學典籍《九章算術》非常詳細地介紹籌算除法，明朝數學典籍《算法統宗》非常詳細地介紹珠算除法，這是特例，是中國數學在某些領域過於早熟的證明。

十六世紀末或十七世紀初，日本數學家毛利重能（もうり　しげよし，生卒年待考，江戶時代的和算大師）讀到了《算法統宗》，感覺如獲至寶，他依樣畫葫蘆，按照書本介紹的演算法，一步一步學會各種珠算技巧。他在京都辦起私塾，開班授徒，將學會的演算法傳授給更多日本人。私塾大門上高懸招牌，上面寫：「天下第一割算指南所。」

割算，日語就是除法。天下第一割算指南所，這是毛利重能的廣告和自我吹噓，意思是說他所開辦的私塾，是日本

最厲害的除法運算指導中心。

　　你看，僅掌握除法這項技能就可以自稱天下第一，小朋友們有什麼理由不把除法學好呢？

▶毛利重能撰寫的《割算書》，現藏於日本早稻田大學圖書館

↘ 九章開方術

　　與日本數學和西方數學相比，中國數學在某些領域確實比較早熟。比如說，最早認識到負數的存在，最早用負數求解聯立方程式，最早把圓周率準確推算到小數點後第七位，最早發展出成熟的除法運算……還有一項技能可以證明中國數學的早熟——開平方。

　　我們知道求一個數的平方很容易，讓這個數乘以這個數就行了。平方運算在《九章算術》和後來的數學典籍裡比比皆是，古代中國數學家稱之為「自乘」。例如3的平方就是讓3自乘，也就是3×3，結果是9；15的平方就是讓15自乘，也就是15×15，結果是225。漢、唐時期的籌算，明、清時期的珠算，都有清晰的自乘方法和完備的自乘規則。算一個數的平方，哪怕是很大很大數字的平方，對中國古人來講，

都像砍瓜、切菜一樣容易。

可是開平方呢？怎麼用算籌或算盤對一個大數開平方呢？說說容易：開方是乘方的逆運算，開平方是平方的逆運算。真正算起來要難得多，不信你問上過大學的成年人，讓他們不借助計算器和電腦，全靠手工，對一個三位數或五位數開平方，十有八九不會做。

正在讀國中的小朋友倒有可能算得出來，因為國中數學課本上介紹過手動開平方的基本流程。雖然這部分內容在多數數學教材都是選修，但學生只要留心，就能掌握手動開平方的技能。

隨機選一個三位數729，對它開平方。

第一步，將被開方數分段，從右向左，每兩位劃成一段，用撇號分開。例如729，要分成7'29；第二步，從右向左，分段開方，先對7開方，三三得九，3的平方是9，大於7，所以7的平方根不可能大於3，只能寫成2。我們在7的上面寫2，表示729的平方根是個兩位數，這個兩位數的十位是2；第三步，二二得四，2的平方等於4，用7減4，餘3，在7'29下面一行寫上329。也就是說，如果用20做為729的平方根，還有329沒被開方；第四步，用329做為被除數，用2和20的乘積40做為除數，二者試除，商為8。將8乘以40，再加上8的平方，結果是356，大於329。所以要退商，用7乘以40，再加上7的平方，結果是329。329減329，餘

數為 0，於是我們在 29 的上面寫 7；第五步，驗算，3'29 上面是 27，讓 27 自乘，恰好等於 329，說明 729 的平方根就是 27。

以上開方過程，既用到乘法，也用到除法，又比列豎式做乘法和列除式做除法複雜。其中最複雜的步驟是要試商：讓第一步得到的商乘以 20，再與沒開方完的數相除，得到一個新的商，拿新的商乘以第一步的商，再乘以 20，接著加上新商的平方，最後與沒開方完的數相比較，如果新商偏大，就要減小（退商）；如果新商偏小，就要增大（補商）。

對小朋友來講，難以理解的不是計算步驟，而是為什麼要讓原商乘以 20？為什麼要與沒開方完的數相除？如此估出一個新商，新商為什麼還要乘以原商並再乘以 20，還要再加上新商的平方。

其實這個演算法的原理早在漢朝就被中國數學家解釋清楚了，依據的是完全平方公式：$(a+b)^2=a^2+2ab+b^2$。

剛才算 729 的平方根，將這個數分成 7 和 29 兩段，相當於分成 700+29。先對 700 開平方，估算出 700 的平方根大於 20、小於 30。然後在 7 的上面寫出平方根的十位數值 2，相當於設 729 的平方根是 20+x，進而列出方程：$(20+x)^2=729$。用完全平方公式把方程左邊展開，$(20+x)^2=20^2+x^2+2\times20\times x=400+x^2+40x=729$。把常數項移到右側，$x^2+40x=729-400=329$。用 329 除以 40，估出 $x=8$，將 8 代入 x^2+40x，得數是

384，超過329，於是退商，將估到的新商8減為7。再把7
代入x^2+40x，得數恰好是329。於是我們完美解出（$20+x$）^{2}=
729，得出x=7。既然（$20+7$）^{2}=729，所以729的平方根就是
27。

　　打鐵趁熱，再用同樣的原理計算50625這個五位數的平
方根。將被開方數分段，分成5'06'25。先對5開方，得2。5
減2的平方，餘1，把106寫在下行，讓106除以（$4×20$），
估出新商為2。再讓2乘以原商2，再乘以20，再加上2的平
方，得84。讓106減84，餘22。這個22代表2200，2200再
加被開方數的最後一段25，得2225。讓2225除以
（$22×20$），估出又一個新商5。再讓5乘以20乘以22，再加
上5的平方，恰好等於2225。將每一步所得的商寫在上面，
是225，所以50625的平方根是225。

　　用文字敘述整個過程，既囉嗦又難懂，估計很多人會看
糊塗。如果把手算開方過程寫在紙上，那就清楚多了。

　　早在二千多年前，
中國數學家就用這種方
法開平方，記載於《九
章算術》，數學史上稱
為「九章開方術」。

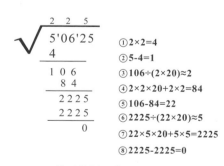

▲50625的手算開平方過程

↘ 瑛姑怎樣開平方？

　　漢朝以降，開方演算法不斷改進，從開平方發展到開立方，從開立方發展到開任意高次方，依據的原理從完全平方公式（$(a+b)^2=a^2+2ab+b^2$）到完全立方公式（$(a+b)^3=a^3+3a^2b+3ab^2+b^3$），再從完全立方公式到二項式定理（將（a+b）的任意高次方展開為多項式之和，其中多項式係數表示成三角形的幾何排列，數學史上稱為「巴斯卡三角形」（Pascal Triangle）或「賈憲三角形」、「楊輝三角形」）。

　　特別是在宋朝，開方演算法突飛猛進，空前發達，賈憲（北宋數學家，生卒年待考）發明能解高次方程式和能開高次方的「增乘開方術」，還發明了能開高次方但計算速度更快的「立成釋鎖開方術」。在此基礎上，宋朝另外兩位數學家楊輝和秦九韶發明和完善了能求解更複雜高次方程式的「正負開方術」。

　　不過，就像做乘法和做除法都不借助筆算一樣，古代中國數學家也不習慣在紙上列算式做開方。從漢朝到宋朝，無論是九章開方術，還是增乘開方術，抑或是立成釋鎖開方術和正負開方術，古人都用算籌來完成，大約到了明朝，才開始用算盤做開方。

　　《射雕英雄傳》第二十九回，南帝的前妻、周伯通的女友、「神算子」瑛姑，隱居在黑沼茅屋，獨自一人研究數學，

不與外界學術交流，整天用算籌做題目。金庸先生描寫的這段情節，正符合宋朝及宋朝以前數學家的日常。原文是這麼寫的：

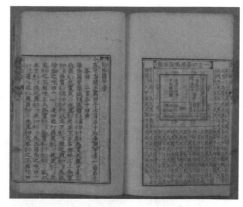

▲明代算書《算法統宗》介紹用算盤開平方的方法

　　黃蓉坐了片刻，精神稍復，見地下那些竹片都是長約四寸，闊約二分，知是計數用的算子。再看那些算子排成商、實、法、借算四行，暗點算子數目，知她正在計算五萬五千二百二十五的平方根，這時「商」位上已記算到二百三十，但見那老婦撥弄算子，正待算那第三位數字。黃蓉脫口道：「五！二百三十五！」

　　那老婦吃了一驚，抬起頭來，一雙眸子精光閃閃，向黃蓉怒目而視，隨即又低頭撥弄算子。這一抬頭，郭、黃二人見她容色清麗，不過四十左右年紀，想是思慮過度，是以鬢邊早見華髮。那女子搬弄了一會，果然算出是「五」，抬頭又向黃蓉望了一眼，臉上驚訝的神色迅即消去，又見怒容，似乎是說：「原來是個小姑娘。你不過湊巧猜中，何足為奇？別在這裡打擾我的正事。」順手將「二百三十五」五字記在紙上，

又計下一道算題。

「算子」即是算籌，瑛姑為了替55225開平方，將算籌排成四行，上下分開，從上到下依次是：商、實、法、借算。在這裡，「商」是平方根，「實」是被開方數，「借算」是在最下一行的個位上布置一枚算籌，表示對一個未知數求平方。「法」比較複雜，會不斷變化，如果對一個多位數開平方，法最初是平方根最高位的平方，然後將變成平方根次高位的二十倍再乘以平方根最高位，再加上次高位的平方。很難理解是吧？沒關係，跟著瑛姑算一遍就明白了。

瑛姑計算55225的平方根，先將這個數用算籌擺在一片空地上，稱為「實」；上面留出一行，擺平方根，稱為「商」；下面留出兩行，最下一行放一根算籌，稱為「借算」，倒數第二行用來放「法」。

為了方便敘述，我們姑且用阿拉伯數字來代替算籌。將55225分成三段，第一段是5，第二段是52，第三段是25。先對第一段5開平方，得2，將2擺在5的上面，稱為「初商」。二二得四，初商的平方是4，將4擺在5的下面，這個4就是第一步運算得到的「法」。

5減4得1，把55225的第二段52拉下來，與1並列，得152。對152開方，需要估商（即估根）。怎麼估？用初商2乘以20，得40，再用152除以40，估商為3。再用3乘以

20，再乘以初商 2，再加上 3 的平方，得 129。這個 129，就是第二步運算得到的「法」。

商：

實：

$$\parallel\parallel\parallel \quad \equiv \quad \parallel \quad - \quad \parallel\parallel\parallel$$

法：

拿 152 去減 129，餘 23。將 55225 的第三段 25 拉下來，與 23 並列，得 2325。對 2325 開方，又需

借算：

▲瑛姑為 55225 開平方的算籌擺法

要估商。怎麼估？方法同前。初商 2，次商 3，合起來是 23，拿 23 乘以 20，得 460，再用 2325 除以 460，估商為 5。再用 5 乘以 20，再乘以 23，再加上 5 的平方，得 2325。這個 2325，就是第三步運算得到的「法」。

拿 2325 減 2325，餘 0，說明前面每一步估的商都剛好準確，剛好能將 55225 完全開方。看算籌最上一行的「商」，初商為 2，次商為 3，第三步商為 5。看算籌第三行的「法」，已經消為 0，說明沒有餘數。所以，55225 的平方根是 235。

金庸先生原文中，瑛姑算 55225 的平方根，已經擺出了初商 2 和次商 3，還不知道平方根最後一位是幾，正在專心致志繼續算。黃蓉一瞧地上算籌，馬上給出答案：「五！二百三十五！」瑛姑不信，接著算，結果與黃蓉僅憑心算得出的答案一樣。這說明什麼？說明黃蓉精通開方術，也說明她的心算能力很強。

↘ 傳說中的開平方機器

　　唐朝末年有一篇傳奇故事〈虯髯客傳〉，講述三個人的事蹟。其中一人是大唐元勳李靖；還有一人是傳說中李靖的妻子紅拂女；另外一人是傾慕於紅拂美色、又與她結為兄妹的江湖奇人，此人滿面虯髯，號稱虯髯客。

　　李靖年輕時渴望建功立業，前去拜見隋朝權臣楊素，卻被府上的美貌家妓紅拂女看中，兩人私奔，途中遇見虯髯客，因緣巧合，與虯髯客結為兄妹。虯髯客愛慕紅拂女，愛屋及烏，將萬貫家財贈予李靖，幫助他成為唐朝開國功臣。虯髯客呢？主動退出，飄然遠去，多年後在異國稱王。

　　幾十年前，王小波先生改編唐傳奇，根據〈虯髯客傳〉創作一部長篇小說《紅拂夜奔》。開篇濃墨重彩，描寫李靖的聰明多智、多才多藝，說他不僅會寫小說、畫畫、講波斯語，還會發明各種機器。《紅拂夜奔》原文寫道：

　　他發明過開平方的機器，那東西是一個木頭盒子，上面立了好幾排木杆，密密麻麻，這一點像個烤羊肉串的機器。一側上又有一根木頭搖把，這一點又像個老式的留聲機。你把右起第二根木杆按下去，就表示要開 2 的平方。轉一下搖把，翹起一根木杆，表示 2 的平方根是 1。搖兩下，立起四根木杆，表示 2 的平方根是 1.4。再搖一下，又立起一根木

杆，表示 2 的平方根是 1.41。千萬不能搖第四下，否則那機器就會嘩喇一下碎成碎片。這是因為這機器是糟朽的木片做的，假如是硬木做的，起碼要到求出六位有效數字後才會垮。

他曾經扛著這臺機器到處跑，尋求資助，但是有錢的人說，我要知道平方根幹什麼？一些木匠、泥水匠倒有興趣，因為不知道平方根，蓋房子的時候有困難，但是他們沒有錢。直到老了之後，衛公才有機會把這發明做好了，把木杆換成了鐵連枷，把搖把做到一丈長，由五六條大漢搖動，並且把機器做到小房子那麼大，這回再怎麼搖也不會垮掉，因為它結實無比。這個發明做好之後，立刻就被太宗皇帝買去了。這是因為在開平方的過程中，鐵連枷揮得十分有力，不但打麥子綽綽有餘，人挨一下子也受不了。而且搖出的全是無理數，誰也不知怎麼躲。太宗皇帝管這機器叫「衛公神機車」，裝備了部隊，打死了好多人，有一些死在根號二下，有些死在根號三下。不管被根號幾打死，都是腦漿迸裂。

王小波文筆幽默，想像奇特，將李靖發明的開平方機器描繪得栩栩如生。遺憾的是，李靖並沒有發明過這樣的機器，唐朝其他人也沒有發明過。

假如有一個古人（不限於中國的古人），他懂得開平方的原理，又精通開平方的演算法，還擅長設計精巧的機械，

那他能不能做出一臺開平方機呢？

絕對可以。

古代中國流行的幾種開方演算法，例如九章開方術、增乘開方術、正負開方術、立成釋鎖開方術，都嚴格遵循十進位，有嚴謹的計算流程，可以翻譯成電腦程式，都可以用簡單的、機械化的代碼來描述和實現。既然用簡單代碼就能實現，那麼用機械設計也能實現。

例如南宋秦九韶介紹的正負開方術，又叫「秦九韶演算法」，將計算過程相對複雜的九章開方術簡化成多次乘法和多次加法，演算法清晰簡便，用現在流行的程式設計語言Java來實現，只需要幾行代碼：

```
using namespace std;
int main(){
        int n, x, sum = 0;
        cin>>n>>x;
        int a[20];
        for(int i = 0; i <= n; i++){
                cin>>a[i];
        }
        for(int i = n; i >= 0; i--){
                sum = sum*x + a[i];
        }
        cout<<sum<<endl;
        return 0;
        }
```

　　再看西方世界，偉大的經典物理學家牛頓曾借助解析幾
何進行推導，發明一種透過簡單疊代運算進行開平方的演算
法，叫做「牛頓反覆運算法」，用現在流行的程式設計語言
Python 來實現，也只需要幾行代碼：

```
from easygui import *
def sqr(n):
  if n<0:
    return False
  elif n==0:
    return 0
  else:
    xn=int(input(" 請先估出一個平方根： "))
    i=0
    while xn*xn-n != 0 and i<10:   # 當計算精度達到要求，或者反覆
運算次數超過 9 時，停止反覆運算
      i=i+1
      xn1=(xn+n/xn)/2
      xn=round(xn1,4)
      time.sleep(1)
      print(" 目前進行第 ",i," 次牛頓反覆運算，算出平方根為 ",xn)
    print(" 終止反覆運算 ",",n," 的平方根應該是 ",xn)
from easygui import *
n=float(enterbox(msg=" 想求哪個數的平方根？ ", title=" 資料登錄 "))
sqr(n)
```

　　順便說一下，我們現在使用的計算器，包括各種電腦作
業系統自帶的計算器軟體，它們的開平方功能大多是用牛頓
反覆運算法程式設計實現的。

　　古人要造計算器，沒辦法程式設計，但能用一組大小不

等的齒輪完成加法運算。能做加法，就能做減法和乘法，因為減法是加法的逆運算，乘法又可以轉化為加法。所以，一套設計合理的齒輪裝置，可以自動做加減和乘法。有了加減和乘法的功能，再想辦法用秦九韶演算法或牛頓演算法的原理，就能用一套齒輪機進行開平方了。

一六四二年，法國數學家布萊茲・帕斯卡（Blaise Pascal，西元一六二三年～一六六二年）發明一款齒輪加法器，能做加法和減法。一六七一年，德國數學家萊布尼茲（Gottfried Leibniz，西元一六四六年～一七一六年）又發明了一款新的齒輪加法器，能做加減和乘法。此後二、三十年，萊布尼茲不斷改進加法器，讓它不但能做乘法，還能做除法，甚至能做一些比較簡單的開方運算，前提是需要懂得開方原理的專業人士來操作。

▶德國數學家萊布尼茲發明的齒輪式計算器

　　萊布尼茲改進後的齒輪式計算器結構複雜，裝在一個長方形的木盒子裡，側面和前面各有一個搖把。我們回憶一下王小波對李靖開平方機器的描述：「那東西是一個木頭盒子」，「一側上又有一根木頭搖把」。顯而易見，王小波筆下開平方機器的原型，應該就是萊布尼茲的計算器。只不過王小波沒有讓李靖使用齒輪，而是使用槓桿。做為計算工具，槓桿的精密程度比齒輪差得太遠，真用槓桿去做一臺開平方機器，難度極大。

第五章

三角在手，
天下我有

↘ 活死人墓的面積怎麼算？

金朝和元朝統治中原時，道教的分支「全真教」非常興盛，不但成為道教的代表，更成為宗教的代表。到了元朝，全真教歷代掌教都身受皇封，除了掌管全真教，還兼任天下出家人的總頭領，這麼厲害的教派，創始人是誰呢？就是《射雕英雄傳》中始終沒有登場，但武功永遠天下第一的「重陽真人」王重陽。

歷史上確實有王重陽，他是陝西人，一出生就受到金國管轄，長大後參加過金國的科舉考試，據說還中過舉人，但沒有當官。大約到了中年，王重陽為了參透人生真諦，在終南山下掘地成墳，隱居在墓穴中，取名為「活死人墓」。

到了金庸先生筆下，王重陽成為抗金義士。活死人墓外表為墳墓形狀，內部暗藏玄機，結構精巧，規模宏大，不僅是修行場所，也是易守難攻的地下堡壘，貯藏糧草的地下倉庫。抗金失敗後，王重陽退隱山林，專心修道，把活死人墓讓給女俠林朝英。林朝英死後多年，該墓又被徒孫小龍女繼承。小龍女不關心政治，活死人墓完全失去戰略意義，成為小龍女的住宅和練功場……

《神雕俠侶》第六回，楊過拜在小龍女門下，修習古墓派武功，見墓中機關重重，還有一間又一間石室，楊過便在石室練功。有一天，小龍女帶他走進一間形狀奇特的石室：

「前窄後寬，成為梯形，東邊半圓，西邊卻做三角形狀。」楊過問道：「姑姑，這間屋子為何建成這個怪模樣？」小龍女解釋道：「這是王重陽鑽研武學的所在，前窄練掌，後寬使拳，東圓研劍，西角發鏢。」楊過在這石室中走來走去，只覺莫測高深。

假如楊過是現代人，手裡拿著裝有測量軟體的智慧型手機，他在石室中走來走去，測量軟體會顯示走過的路徑，以及路徑長度。如果貼著石室的牆角走一圈，

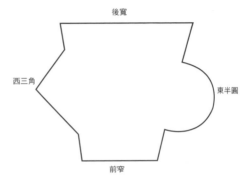

▲活死人墓之石室平面圖

又能讓測量軟體畫出那間石室的平面圖，報出周長和面積。

楊過是現代人嗎？不是。他有智慧型手機嗎？沒有。他想要知道石室的面積，只能手工量算。但那間石室形狀古怪，非方非圓，竟是梯形、半圓和三角形的組合。梯形面積怎麼算？上底加下底，乘以高，再除以2。楊過只需分別量出梯形的上底長度、下底長度和高度，即可求出這部分的面積。半圓面積怎麼算？半徑的平方乘以圓周率，再除以2。楊過量出半圓的直徑，除以2得到半徑，半徑乘半徑，再乘3.14，再除以2，即可求出這部分的面積。

　　三角形面積呢？更簡單了，底乘以高，再除以2。不過，底容易量，高不易測。想準確量出一個三角形的高，先要準確畫出它的高。高怎麼畫？從頂點出發，往底線畫垂線。古人畫圓用規，畫方用矩，要畫垂線，也要用矩，如果沒矩，只能目測，畫的垂線不一定垂直，量出的高度未必準確。假如楊過只有一把量長度的直尺，卻沒有攜帶畫垂線的矩，該怎麼量算三角形面積呢？

　　其實這個問題在量算梯形面積時就產生了——求梯形面積要量它的高，必須在梯形上底和下底之間畫一根垂線。楊過沒矩就畫不出垂線，量不出梯形的高，無法準確得到梯形面積。那怎麼辦？

　　只有用一種公式，海倫─秦九韶公式。

　　楊過是元朝人，在他出世前，南宋數學家秦九韶推導出一種全新的三角形面積計算方法——無須作垂線和測量高度，只要量出三邊之長，就能計算三角形地塊的面積。用公式表示，可以寫成：

$$S = \frac{1}{2} \sqrt{a^2 c^2 - \frac{1}{4}(a^2 + c^2 - b^2)^2}$$

S是三角形面積，a、b、c分別是三角形的三邊長度。

　　該方法載於秦九韶《數書九章》，命名為「三斜求積術」。巧合的是，古希臘數學家海倫（Heron of Alexandria，西元

前一世紀在世，生平不詳）的著作《測地術》也記載了用三角形邊長推算面積的方法，用公式寫成：

$$S = \sqrt{p(p-a)(p-b)(p-c)}$$

S是三角形面積，a、b、c是三邊長度，p是三角形周長的一半，即：

$$p = \frac{1}{2}(a+b+c)$$

秦九韶的三斜求積術與海倫演算法相似，擺脫了底和高的限制，只用三個邊長就能得到面積，所以在當今國際數學界，三斜求積術和海倫演算法被統一命名為「海倫－秦九韶公式」。

根據公式，楊過可用一把直尺量出石室三角形部分的邊長，求出面積；再把梯形部分對角分割成兩個三角形，分別量出邊長，再求出兩個三角形的面積，二者相加，即是梯形面積。最後將半圓、三角和梯形面積加起來，即是石室的總面積。

《數書九章》載有例題：「問沙田一段，有三斜，其小斜一十三里，中斜一十四里，大斜一十五里，欲知為田幾何？」一大塊三角形沙田，三邊長度分別為十三里、十四里、十五

里，求這塊沙田的面積。

套用三斜求積術，a=13，b=14，c=15：

$$S = \frac{1}{2}\sqrt{a^2 c^2 - \frac{1}{4}(a^2 + c^2 - b^2)^2}$$

$$= \frac{1}{2}\sqrt{13^2 \times 15^2 - \frac{1}{4}(13^2 + 15^2 - 14^2)^2} = 84$$

套用海倫公式，a=13，b=14，c=15，p=（13+14+15）÷2=21：

$$S = \sqrt{p(p-a)(p-b)(p-c)}$$

$$= \sqrt{13 \times (21-13) \times (21-14) \times (21-15)}$$

$$= \sqrt{7056} = 84$$

　　兩種演算法結果相同，算出的沙田面積都是八十四平方里，說明三斜求積術和海倫公式是等價的。

　　中國古人統計地塊面積會將平方里折算為畝，一平方里是九萬平方步，二百四十平方步為一畝，八十四平方里乘以九萬再除以240，相當於三‧一五萬畝。

　　活死人墓應該沒有幾萬畝那麼大，外觀像墳墓，內部由多間石室構成，每間石室大小不等，形狀不一，但只要不是

特別不規則的形狀，就一定能分割成方形、圓形和三角形
（所有多邊形都能分割成三角形）。方形面積可用長寬相乘求
之，圓形面積可用半徑平方乘以圓周率求之，三角形面積可
用海倫－秦九韶公式求之。如此分割測量，分步計算，可以
算出每間石室的面積。將所有石室面積匯總起來，就是活死
人墓的可使用面積。

　　小學生學過三角形面積的最簡計算公式：三角形面積＝
底×高÷2。之所以說這個公式最簡單，是因為最容易推
導：將平行四邊形對角分割，得到兩個同底同高的三角形，
每個三角形面積是平行四邊形的一半，且每個三角形的底都
是平行四邊形的底，高都是平行四邊形的高。已知平行四邊
形面積等於底乘高，所以三角形面積等於底乘高再除以2。

　　用三斜求積術計算三角形面積，無論是計算過程還是證
明過程，都比底乘高再除以2抽象。秦九韶在《數書九章》
只給了三斜求積的解題思路，但沒有寫出證明過程。

　　他的解題思路是這樣的：「以小斜冪，並大斜冪，減中
斜冪，餘半之，自乘於上；以小斜冪乘大斜冪，減上，餘四
約之，為實；一為從隅，開平方得積。」

　　意思是列一個方程式，左項是三角形面積的平方 S^2，右
項包括該三角形三個邊長的平方 a^2、b^2、c^2，左右兩項的關
係是 $S^2=[a^2 \times b^2-(a^2+b^2-c^2)\,2 \div 4] \div 4$。將 a、b、c 的實際值
代入，能算出右項，再對右項開平方，得數就是三角形的面

積 S。

　　如此變態的解題思路，秦九韶是怎麼推算出來的呢？他沒寫過程，但我們可以猜。

　　秦九韶生活的時代，畢氏定理已是常識，如果畫一個三角形，從任意一角出發，向對邊作垂線，以此為高，再用畢氏定理一步一步推導，最終能把高約掉，還原出秦九韶的三斜求積思路。推導過程詳見下圖。

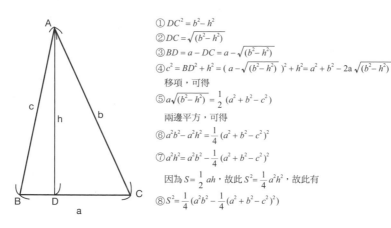

① $DC^2 = b^2 - h^2$

② $DC = \sqrt{(b^2 - h^2)}$

③ $BD = a - DC = a - \sqrt{(b^2 - h^2)}$

④ $c^2 = BD^2 + h^2 = (a - \sqrt{(b^2 - h^2)})^2 + h^2 = a^2 + b^2 - 2a\sqrt{(b^2 - h^2)}$

　　移項，可得

⑤ $a\sqrt{(b^2 - h^2)} = \frac{1}{2}(a^2 + b^2 - c^2)$

　　兩邊平方，可得

⑥ $a^2b^2 - a^2h^2 = \frac{1}{4}(a^2 + b^2 - c^2)^2$

⑦ $a^2h^2 = a^2b^2 - \frac{1}{4}(a^2 + b^2 - c^2)^2$

　　因為 $S = \frac{1}{2}ah$，故此 $S^2 = \frac{1}{4}a^2h^2$，故此有

⑧ $S^2 = \frac{1}{4}(a^2b^2 - \frac{1}{4}(a^2 + b^2 - c^2)^2)$

▲三斜求積術的推導過程

　　經過一番推導，我們得到這個公式：

$$S^2 = \frac{1}{4}\left(a^2 b^2 - \frac{1}{4}(a^2 + b^2 - c^2)^2\right)$$

兩邊開平方，即可得到：

$$S = \frac{1}{2}\sqrt{a^2 c^2 - \frac{1}{4}(a^2 + c^2 - b^2)^2}$$

↘ 勾股術

　　顯而易見，三斜求積術植根於畢氏定理之上，它是畢氏定理旁逸斜出的枝葉。什麼是畢氏定理呢？任意一個直角三角形，兩條直角邊的平方和一定等於斜邊的平方，這個定理就是畢氏定理。用公式表示，可以寫成 $a^2+b^2=c^2$，其中 a、b 是直角邊，c 是斜邊。

　　當然，古代中國數學家絕對不會使用英文字母，他們將直角三角形的三邊分別命名為「勾」、「股」、「弦」。勾和股代表兩條直角邊，弦代表斜邊。

　　現存於世的古代中國數學典籍當中，《周髀算經》是最早的，大約成書於西元前一世紀，與古希臘數學家海倫《測地術》問世時間差不多。《測地術》記載了只用三邊求出三角形面積的海倫公式，而《周髀算經》卻記載了畢氏定理的一個特例：「勾三，股四，弦五。」某直角三角形的一條直角邊長度為3，另一條直角邊長度為4，斜邊長度一定是5。

　　到了漢朝，《九章算術》問世，單列一章〈勾股術〉，該章節包括一些文字和若干例題，將畢氏定理的定義和實用價值解釋得淋漓盡致。

　　開頭文字部分寫道：「勾、股各自乘，並而開方除之，即弦；又股自乘，以減弦自乘，其餘開方除之，即勾；又勾自乘，以減弦自乘，其餘開方除之，即股。」

　　「自乘」即平方，「並」即相加，「減」即相減，「開方除之」即求平方根。這段文字相當於以下三個公式：

　　① $\sqrt{a^2 + b^2} = c$（勾、股各自乘，並而開方除之，即弦）

　　② $\sqrt{c^2 - b^2} = a$（股自乘，以減弦自乘，其餘開方除之，即勾）

　　③ $\sqrt{c^2 - a^2} = b$（勾自乘，以減弦自乘，其餘開方除之，即股）

　　例題共二十餘道，分享幾道典型的題目給大家。

　　例題一：「今有圓材，徑二尺五寸，欲為方版，令厚七寸，問廣幾何？」某根圓木頭，直徑二十五寸，現在加工成截面為長方形的柱子，並讓柱子厚達七寸，請問柱子的寬度應該是多少？

　　畫出圓木的截面，並畫出柱子的截面。柱子截面為長方形，根據題意，這個長方形長七寸，對角線二十五寸。該長方形的長、寬、對角線，恰好構成直角三角形，已知斜邊長度和一條直角邊的長度，求另一條直邊的長度。

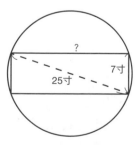

▲勾股術例題一，圓木刨方

$$a = \sqrt{c^2 - b^2}$$
$$= \sqrt{25^2 - 7^2} = 24$$

答：柱子的寬度應該是二十四寸。

例題二：「今有池，方一丈，葭生其中央，出水一尺。引葭赴岸，適與岸齊。問水深、葭長各幾何？」一個正方形水池，邊長十尺（一丈為十尺），正中央有一棵蘆葦，水面以上高一尺。將這棵蘆葦引向池邊，蘆葦末梢恰好與池岸相接。求池水的深度和蘆葦的長度。

畫出水池及蘆葦示意圖。池寬十尺，蘆葦居中，所以蘆葦沒被斜引向池邊時，距水池左岸距離AE為五尺，蘆葦露出水面的高度DE為一尺。當蘆葦被牽引，末梢與左岸相接時，AE、EC和蘆葦長度AC共同構成直角三角形。如能求出EC，就得到池水的深度；如能求出AC，則得到蘆葦的長度。

設水深EC為x尺，則$x+1$為AC（CE + DE = AC），根據畢氏定理：

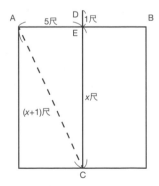

▲勾股術例題二，蘆葦測水

　①　$AE^2 + EC^2 = AC^2$

　②　$5^2 + x^2 = (x + 1)^2$

解方程式，得$x=12$，$x+1=13$。

答：水深十二尺，蘆葦長十三尺。

例題三：「今有立木，繫索其末，委地三尺。引索卻行，去本八尺而索盡。問索長幾何？」一根豎立的木椿，頂端繫著一條長繩。長繩自然下垂，一部分堆在地面，堆在地面的部分長三尺。拽著這條繩往後走，走到距離木椿八尺遠的地方，長繩末梢剛好與地面相接，求繩長。

畫出木椿及繩索示意圖，設木椿高度 AB 為 x 尺。根據題意，繩長 AC 為（x+3）尺，線段 BC 為八尺。BC、AC、AB 構成直角三角形，用畢氏定理列出等式和方程式：

① $AB^2 + BC^2 = AC^2$

② $x^2 + 8^2 = (x + 3)^2$

▲勾股術例題三，引繩測長

解方程式，得 $x \approx 9.2$，x+3$\approx$12.2。

答：繩長十二・二尺。

例題四：「今有垣高一丈，倚木於垣，上與垣齊。引木卻行一尺，其木至地，問木長幾何？」牆高十尺，將木杆斜架於牆頭上，木杆末梢與牆頭相接；抓起木杆底端，後退一尺，木杆末梢剛好從牆頭滑落至地，與牆根相接。求木杆的長度。

畫出牆與木杆的示意圖。已知牆高 AB 為十尺，木杆拖

行距離DC為一尺。設杆長AC為x尺，則BD等於AC，也是x尺（木杆斜搭牆上時，與平躺地上時的長度相同），則BC為（$x-1$）尺。因為AB、BC、AC構成直角三角形，根據畢氏定理，列出等式和方程式：

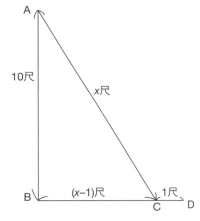

▲勾股例題四，引杆測長

① $AB^2 + BC^2 = AC^2$

② $10^2 + (x-1)^2 = x^2$

解方程式，得$x=50.5$。

答：杆長五十‧五尺。

例題五：「今有戶，高多於廣六尺八寸，兩隅相去適一丈。問戶高、廣各幾何？」有一扇門，高度比寬度多了六‧八尺，對角線十尺，求這扇門的高度和寬度。

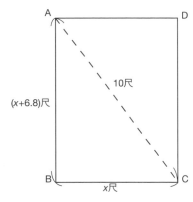

▲勾股術例題五，門高及寬

畫出這扇門的示意圖，AC長十尺。設門寬BC為x尺，因為門高AB比門寬多六‧八尺，故AB為（$x+6.8$）尺。根

據畢氏定理，列出等式和方程式：

① $AB^2 + BC^2 = AC^2$

② $(x + 6.8)^2 + x^2 = 10$

解方程式，$x=2.8$，$x+6.8=9.6$。

答：門寬二‧八尺，門高九‧六尺。

例題六：「今有邑方，不知大小，各中開門，出北門三十步有木，出西門七百五十步見木，問邑方幾何？人距木幾何？」一座正方形城池，邊長未知，東西南北各牆中段均有城門。出北城門，北行三十步會走到一棵樹跟前；如果從西城門出去，西行七百五十步，剛好可以看見那棵樹。請問這座城的邊長是多少呢？人出西門西行七百五十步後，與那棵樹距離是多少呢？

畫出城牆、城門及樹的示意圖，並在城池中心位置虛擬一個O點。

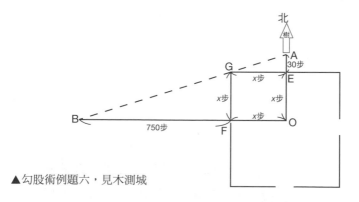

▲勾股術例題六，見木測城

　　因為是正方形城池，所以GE與FO平行。又因為各城門均開在城牆中段，所以GE、EO、GF、FO長度相等。設GE為x步，即城池邊長的一半為x。小三角形AGE與大三角形ABO為相似三角形，又知BF為七百五十步、AE為三十步，根據相似三角形原理，列出等式及方程式：

$$① \quad \frac{AE}{GE} = \frac{AO}{BO} = \frac{AE + EO}{BE + FO}$$

$$② \quad \frac{30}{x} = \frac{30 + x}{750 + x}$$

解得$x=150$，$2x=300$。

　　有了x的長度，BO與AO均可求得，BO=750+x=900，AO=30+x=180。因為AO、BO、AB構成直角三角形，所以要求人與樹的距離AB，用畢氏定理即可：

$$① \quad AB^2 = AO^2 + BO^2$$

$$② \quad AB^2 = 180^2 + 900^2 = 842400$$

開平方，AB約等於918。

　　答：這座城池的邊長是三百步，人與樹的距離約九百一十八步。

　　以上六道例題都出自〈勾股術〉，都有一定的實用性，與生活息息相關，解題工具都離不開畢氏定理。牽蘆葦測水深，牽繩尾測繩長，扯杆頭測杆長，望樹木測城池，都是用

已知推求未知，用易測替代難測。莫名其妙的數學外行看來，這些技能既實用又神祕，彷彿高深莫測的絕世武功。實際上，它們只是測量學的入門功夫，最粗淺的三角測量套路。

↘ 蕭峰被追，全等三角形

測量學是一門大學問，與數學密切相關，尤其離不開數學的一大分支：三角學。

何謂三角學？是專門研究平面三角形和球面三角形邊角關係的學問。中、小學階段，基本上不涉及球面三角形，主要傳授平面三角學知識。比如小學數學教孩子們認識和了解三角形，什麼是銳角，什麼是直角，什麼是鈍角，三角形的三條邊有什麼關係，什麼樣的三條線段能組成三角形，三個內角和等於多少度，怎麼計算三角形面積；到了中學難度稍稍提高，開始講平分線、中位線、外心、內心、正弦、正切、餘弦、餘切、畢氏定理、正弦定理、餘弦定理、射影定理，以及全等三角形和相似三角形……

中、小學階段涉及的三角學知識，屬於平面三角學裡最簡單、最直觀，同時也最經典、最古老的知識。這些知識可以追溯到二千多年前古希臘數學家歐幾里得的《幾何原本》，也可以追溯到中國最古老的數學及天文學著作《周髀算經》。不僅如此，這些知識一直被古人用在測量上，前文摘錄的勾

股術例題，不就是中國古人將畢氏定理用於測量的簡單例證嗎？

　　江湖故老相傳，早在《幾何原本》問世前，大約相當於中國的春秋時期，古希臘哲學家泰利斯（Thales，約西元前六二四年～五四七年）用三角學測量過海船與海岸的距離。說有一艘海船乘風破浪遠遠駛來，桅杆剛冒出海平面，泰利斯站在沙灘上，沒有下水，用三條長繩橫量豎量，竟然測出那艘船距離海岸還有多遠。

　　泰利斯是怎麼做到的呢？他用全等三角形的「角邊角定理」：如果兩個三角形有兩組角相等，且兩組角的夾邊也相等，那麼這兩個三角形就是全等三角形，每組邊都相等。

　　畫圖說明。圖上 C 點是海船，B 點是泰利斯。泰利斯一看見海船出現，就在站立處 B 點打一根木樁，繫上第一條繩索，牽繩右行到 D 處（D 距 B 遠近可自定），使 BD 垂直於 BC。然後在 D 處打上另一根木樁，繫上第二條繩索，牽繩再走，使行走路徑垂直於 BD。最後，泰利斯在 BD 上找到中點 A，在 A 處再打木樁，繫上第三條繩索，使繩索牽引方向與 AC 處於同一直線

▲泰利斯用全等三角形測出海船距離

上。第三條繩索與第二條繩索沿著原有的方向各自延伸，終將相交，圖上相交於E點。

圖上有兩個三角形，一個是△ABC，一個是△ADE。因為A是線段BD的中點，所以AB等於AD；因為∠B和∠D都是直角，所以∠B等於∠D；又因為AC、AE均與BD相交，且AC和AE處於同一直線上，所以△ABC的∠A與△ADE的∠A也相等。兩個三角形，兩組角及夾邊均相等，說明△ABC和△ADE是全等三角形，BC和DE也相等。泰利斯要測的是海船與海岸的距離BC，只要在岸上測出DE的長度，就相當於測出了海船與海岸的距離。

套用同樣的思路，我們也可以幫助武俠人物測量敵軍的遠近。《天龍八部》第五十回，蕭峰、段譽、虛竹和丐幫眾弟子、少林眾高僧一同南歸，遼國皇帝耶律洪基統領數萬精兵緊追不捨。原文描寫追兵聲勢之浩大，甚是驚人：

群豪打了一個勝仗，歡呼吶喊，人心大振，范驊卻悄悄對玄渡、虛竹、段譽等人說道：「咱們所殲的只是遼軍一小隊，這一仗既接上了，第二批遼軍跟著便來。咱們快向西退！」

話聲未了，只聽得東邊轟隆隆、轟隆隆之聲大作。群豪一齊轉頭向東望去，但見塵土飛起，如烏雲般遮住了半邊天，霎時之間，群豪面面相覷，默不作聲，但聽得轟隆隆、

轟隆隆悶雷般的聲音遠遠響著，顯是大隊遼軍賓士而來，從這聲音中聽來，不知有多少萬人馬。江湖上的凶殺鬥毆，群豪見得多了，但如此大軍馳驅，卻是聞所未聞，比之南京城外的接戰，這一次遼軍的規模又不知強大了多少倍。各人雖然都是膽氣豪壯之輩，陡然間遇到這般天地為之變色的軍威，卻也忍不住心驚肉跳，滿手冷汗。

　　幾萬遼軍從北追來，蕭峰等人向東望去，瞧得見煙塵沖天，聽得到馬蹄隱隱，唯獨不知道遼軍到底有多遠。派探馬？來不及。讓遼軍暫時休整，帶著長繩趕過去，量一量雙方的距離？更是白日做夢。此時祭出全等三角形，或許能派上用場。

　　繼續畫圖。蕭峰、段譽、虛竹等人在B處東望，望見C處半空中灰土飄揚，那是遼軍兵馬激起的飛煙。蕭峰派出一名輕功了得的高手，例如段譽，施展凌波微步趕向D處，使BD垂直於BC。段譽在D處找一棵大樹做為標記，轉向西行，使行走路徑

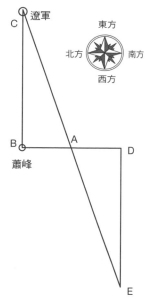

▲蕭峰用全等三角形測出追兵距離

垂直於BD。當段譽西行時，蕭峰可以再派出另一名輕功高手虛竹，先飛奔到BD中點A處，再沿著與遼軍煙塵相反的方向，甩開大步向西南進發。段譽西行，虛竹西南行，二人輕功或許有高低，速度或許有快慢，但他們的行走路徑必定會有交點。找到交點E，量出DE的長度，等於測出了蕭峰等人與遼軍的距離BC。

至於原理，還是全等三角形的角邊角定理。圖上△CBA和△ADE兩個三角形，∠B和∠D相等（都是直角），BA與AD相等（A是BD的中點），∠A與∠A相等，兩組角及夾邊均相等，第三邊自然也相等。

用全等三角形做測量，有三點美中不足之處：

第一，或打木樁，或牽繩索，或讓高手跑來跑去，工程量大，耗時耗力；第二，對測量場地要求嚴格，場地必須盡可能平整，必須有一大片開闊地帶，如果是在起起伏伏的地方測量，那就不是「平面」三角形了，相應的定理就不再適用；第三，由於測量比較耗時間，所以只適合測量靜止的目標，或者雖然運動，但運動速度並不快的目標。

蕭峰測量遼軍距離時，遼軍正在急行軍，圖上C點其實是一個動點。為了減少測量誤差，蕭峰只能派輕功最好的段譽和虛竹進行測量。段公子和虛竹小和尚急奔起來，快逾奔馬，比遼軍速度快得多，測出來的距離與實際距離應該相差不大。

↘ 虛竹飛渡，相似三角形

全等三角形測量有種種缺陷，必要時得用相似三角形測量。我們拿蕭峰的結拜兄弟虛竹小和尚舉個例子，《天龍八部》第三十八回，縹緲宮女弟子被困，虛竹前去營救，必經之路是一道又寬又深的峽谷，峽谷上原有鐵索橋，卻被砍斷了，虛竹必須冒險飛渡。原文寫道：

虛竹眼望深谷，也是束手無策，眼見到眾女焦急的模樣，心想：「她們都叫我主人，遇上了難題，我這主人卻是一籌莫展，那成什麼話？經中言道：『或有來求手足耳鼻、頭目肉血、骨髓身分，菩薩摩訶薩見來求者，悉能一切歡喜施予。』菩薩六度，第一便是布施，我又怕什麼了？」於是脫下符敏儀所縫的那件袍子，說道：「石嫂，請借兵刃一用。」石嫂道：「是！」

倒轉柳葉刀，躬身將刀柄遞過。虛竹接刀在手，北冥真氣運到了刃鋒之上，手腕微抖之間，刷的一聲輕響，已將扣在峭壁石洞中的半截鐵鍊斬了下來。柳葉刀又薄又細，只不過鋒利而已，也非什麼寶刀，但經他真氣貫注，切鐵鍊如斬竹木。這段鐵鍊留在此岸的約有二丈二三尺，虛竹抓住鐵鍊，將刀還了石嫂，提氣一躍，便向對岸縱了過去。群女齊聲驚呼。余婆婆、石嫂、符敏儀等都叫：「主人，不可冒險！」

　　一片呼叫聲中，虛竹已身凌峽谷，他體內真氣滾轉，輕飄飄的向前飛行，突然間真氣一濁，身子下跌，當即揮出鐵鍊，捲住了對岸垂下的斷鍊。便這麼一借力，身子沉而復起，落到了對岸。他轉過身來，說道：「大家且歇一歇，我去探探。」

　　文中交待，虛竹將峭壁山洞中的半截鐵鍊砍起來，提氣躍向峽谷對岸。對岸還留著半截鐵鍊，沿著石壁直垂下來。虛竹斬下的這截鐵鍊「約有二丈二三尺」，二丈多長，對岸那截鐵鍊的長度想必差不多，也是二丈多長。兩截鐵鍊加起來，將近五丈，則峽谷寬度也將近五丈。虛竹內力驚人，輕功卓絕，能一下子跳過五丈遠嗎？不能。他尚未抵達對岸，就「真氣一濁，身子下跌」，在此萬分危急之時，「當即揮出鐵鍊，捲住了對岸垂下的斷鍊」，借力飛起，終於落到對岸，好險。

　　虛竹飛渡峽谷去救人，勇氣可嘉，但風險極大。飛渡前應該做測試，再做測量。測試什麼？測全力飛躍所能抵達的極限距離；測量什麼？測峽谷的寬度。如果飛躍距離大於峽谷寬度，那就飛躍；如果飛躍距離小於峽谷寬度，必

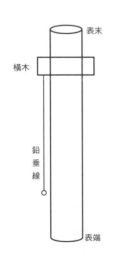

▲古人用來進行三角測量的木表

須另籌妙策，或者繞道，或者架橋，或者借助合適的工具，例如撐竿、風箏、滑翔傘。

剛才說了有兩截鐵鍊，一截在此岸，一截在彼岸。此岸鐵鍊長度已知，是二丈多，將這個長度乘以2，能得到峽谷寬度的估計值，但主要靠目測，一定極不準確。倘若虛竹有兩根木表（古代中國的測量杆，有的可調節長度）和一根尺子，可以進行比較準確的測量。

現在我們讓虛竹站在峽谷旁邊，找一小塊平地，在谷口立一根較短的木表。後退幾步，立一根較長的木表，當他從長表頂端望向對面谷口時，矮表的頂端必須剛好落在他的視線

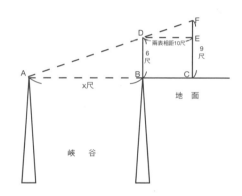

▲虛竹用相似三角形測出峽谷寬度

內。以上圖為例，AB為峽谷寬度，BD為短表，CF為長表，虛竹從CF的頂點C觀測對岸A點，必須保證BD的頂點D落在視線AF上。如果D點高於AF，則將長表前移；如果D點低於AF，則將長表後移。

木表上均有刻度，設短表BD高六尺，長表CF高九尺，當D點恰好落在視線AF上時，二表間距BC為十尺。此時

△DFE與△AFC的每個對應角都相等，既是一對直角三角形，也是一對相似三角形。根據相似三角形「對應邊成比例」的性質，△DFE的兩個直邊之比，等於△AFC的兩個直邊之比，即：

$$\frac{FE}{DE} = \frac{FC}{AC}$$

設峽谷寬度AB為x尺，列出比例方程式：

$$\frac{9-6}{10} = \frac{9}{x+10}$$

解此方程式，$x=20$。

答：峽谷寬二十尺，即二丈。

金庸先生原文寫峽谷半截鐵鍊即有二丈多長，而我們算出的峽谷寬度僅二丈，為什麼呢？不是金庸先生寫錯，只因我們計算用的資料，包括木表長度、兩表間距，全是任意做的假設。假如長表與短表的高度不變，僅讓間距變成三十尺，兩個相似三角形的比例方程式會變成：

$$\frac{9-6}{30} = \frac{9}{x+30}$$

解此方程式，$x=60$，峽谷寬度馬上變成六十尺，即六丈

寬。盧竹飛渡這麼寬的峽谷，非出事不可。

↘ 欲尋小龍女，須用重差術

盧竹測量峽谷寬度，用了一長一短的木表，目的是構造一對相似三角形，再依據其性質，以小推大，以近推遠，以已知推未知，以能夠測量的物件，來推算不能測量或不好測量的物件。

這種測量方法，或者說這種推算方法，叫做「重差術」。重是「重新」，差是「差別」，為了將不能測量或不好測量的物件推算出來，測量一次後，還要重新進行一次差別化的測量。用魏晉數學家劉徽的話說：「凡望極高、測絕深，而兼知其遠者，必用重差。」山峰極高，峽谷極深，星辰極遠，要想用簡便方法測出山峰的高度、峽谷的深度、星辰的距離，必須使出重差術。

劉徽寫了一本薄薄的小冊子《海島算經》，專講重差術，總共設計九道例題。且看第一道：「今有望海島。立兩表，齊高三丈，前後相去千步。令後表與前表相直，從前表卻行一百二十三步，人目著地，取望島峰，與表末參合。從後表卻行一百二十七步，人目著地，取望島峰，亦與表末參合。問島高及去表各幾何？」

人在岸上，測量海中一座島嶼。豎立兩根木表，一前一

後，各高三丈，相距一千步。海島、前表與後表均處於同一
直線上。從前表出發，朝後表方向行走一百二十三步，趴在
地上，向海島最高峰望去，前表頂端不高不低，剛好位於視
線上。再從後表出發，向後行走一百二十七步，再趴在地上
注視海島最高峰，後表頂端也剛好落在視線上。請問海島最
高峰的海拔有多高？海島離前表有多遠？

　　解這道題前，先要換算單位。兩表高為三丈，一丈為十
尺，三丈即三十尺，魏晉時期一步為六尺（隋、唐時期改為
五尺），所以三丈即五步。

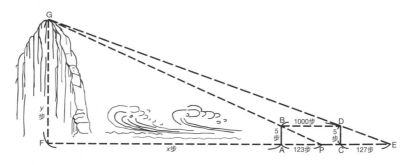

▲用重差術測量海島

　　畫圖說明。測量員在岸上立下前表AB與後表CD，兩
表各高五步，相距BD為一千步。從A後退一百二十三步到
P，仰望海島最高峰G，此時G、P及前表頂端B在一條直線
上；從C後退一百二十七步到E，再仰望海島最高峰G，G、
E及後表頂端D也在一條直線上。在海島中心與海平面相交

處定為 F，將 G、F、P 相連，構成直角三角形△GFP；將 G、F、E 相連，構成直角三角形△GFE；再將 A、B、P 三點及 C、D、E 三點相連，又分別構成兩個小直角三角形△ABP 及△CDE。簡單分析即可知，△GFP 與△ABP 是一對相似三角形，△GFE 和△CDE 也是一對相似三角形。

　　設海島距離前表的投影距離 FA 為 x 步，設海島峰高 GF 為 y 步，根據相似三角形性質，列出一組聯立方程式：

$$\begin{cases} ① \dfrac{y}{x+123} = \dfrac{5}{123} \\[2mm] ② \dfrac{y}{x+1000+127} = \dfrac{5}{127} \end{cases}$$

　　解方程式，求得 $x=30750$，$y=1255$。也就是說，海島距離岸邊有三萬零七百五十步，島峰海拔一千二百五十五步。

　　魏晉時期，一步為六尺，十尺為一丈，一千二百五十五步即七百五十三丈，三萬零七百五十步即一萬八千四百五十丈。

　　答：島高七百五十三丈，海島距岸一萬八千四百五十丈。

　　再看《海島算經》第四道例題：「今有望深谷，偃矩岸上，令勾高六尺。從勾端望谷底，入下股九尺一寸。又設重矩於上，其矩間相去三丈，更從勾端望谷底，入上股八尺五寸。問谷深幾何？」

　　這道題換了測量工具，不再用木表，改用矩尺。矩尺簡稱「矩」，是一種帶刻度的直角拐尺，既能量長度，又能作垂線，畫矩形，還能運用畢氏定理和相似三角形性質進行推算。

　　原題意思為了測出某山谷的深度，測量員在高處豎起一支矩尺。矩尺有兩個直角邊，豎起的直邊稱為「勾」，平放在地上的直邊叫做「股」。這把矩尺的勾有六尺高，測量員讓視線緊貼勾頂，下視谷底，視線與股相交，相交處的刻度是九‧一尺。然後測量員又在這把矩尺的正上方放另一把矩尺，兩矩相隔三十尺。再讓視線緊貼上矩的勾頂，繼續觀測谷底，視線與

▲中國神話中的創世神伏羲與女媧，伏羲持矩，女媧持規，規與矩既是古代常用測量工具，也是社會秩序的象徵

▲清代乾隆年間的一把矩尺，銅鑄鎏金，有寸、分等刻度

上矩之股相交，相交處的刻度是八·五尺。根據這些資訊，你能推算出山谷有多深嗎？

　　繼續畫圖。測量員在山谷高處豎起矩尺AC，從勾端C點觀測谷底H點，視線交於下股B點，AC高六尺，AB長九·一尺；矩尺DF在AC之上，兩尺相隔三十尺，所以AD為三十尺；從上矩勾端F點觀測谷底H點，視線交於下股E點，FD高六尺，DE長八·五尺（圖上比例與數字並不搭配，僅供參考）。

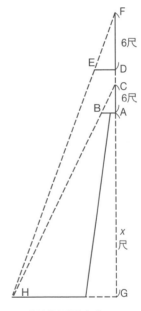

　　△ABC與△HGC也是一對相似三角形，△DEF與△HGF也是一對相似三角形。設山谷深度AG為x尺，三角形底邊HG為y尺，根據相似三角形性質，列出聯立方程式：

$$\begin{cases} ① \dfrac{6}{9.1} = \dfrac{6+x}{y} \\ ② \dfrac{6}{8.5} = \dfrac{6+30+x}{y} \end{cases}$$

▲用重差術測量山谷

　　將y約去，得方程式$(36+x) \times 8.5 = (6+x) \times 9.1$，得$x=419$。

　　答：山谷深度是四百一十九尺。

　　相信讀者看完這兩道例題，一定掌握了重差術的基本要領。現在我們使用新學的技能，幫助楊過尋找小龍女的下落。

　　舊版《神鵰俠侶》（一九五九年版）第九十回，楊過一覺醒來，不見小龍女，與一燈、黃蓉、程英、朱子柳等人一起尋找，在絕情谷四處搜尋，毫無蹤跡。黃蓉絕頂聰明，念頭一轉，猜想小龍女可能自殺，「抬頭向公孫止和裘千尺失足墮入山洞的那山峰望了一眼，不禁打了個寒顫」。

　　程英自告奮勇道：「咱們搓樹皮打條長索，讓我到那山洞中去探一探，楊大嫂萬一……萬一不幸失足……」當下眾人舉刀揮劍，剝下樹皮，搓了一條百餘丈的長繩。然後幾個力大之人拉住長繩，將程英慢慢地垂下去。山洞應該是一座死火山的火山口，入口在峰頂，深度與山峰高度幾乎相等，眾人將樹皮繩放到只剩幾丈，才將程英放到洞底。幸或不幸，洞底既沒有小龍女的身影，也沒有小龍女的屍首。程英長出一口氣，晃動長繩，又讓大夥將她吊出洞去，搜救行動無果而終。

　　回頭看這次搜救，其實有些魯莽。黃蓉猜到小龍女自殺，躍入極深的山洞，猜得很準。但她如此聰明，不該直接讓程英下去救人，因為到底有多深，她不知道，所有人都不知道。如果不太深，眾人沒必要費時耗力，搓一條百餘丈的長繩；如果比預想得還深，百餘丈長繩根本不夠，程英會懸在半空，永遠也無法腳踏實地。比較理性的做法是，大家先

測量山洞的深度，再搓一條與深度相當的繩索，既免得做無用功，也避免讓程英陷入「半天吊」的尷尬境地。

怎麼測量山洞的深度呢？至少有兩種方法。

第一種方法，不測洞深，測山高。文中交待過「這地底山洞的出口，是在山峰之巔，因此此洞之深便和山峰的高度相等。」測出了山高，就等於測出了洞深。黃蓉可以指揮眾人，在山峰遠處豎起一根木表，再從這根木表退行若干丈，趴在地上，透過木表頂端，遠眺峰頂，使表端、峰頂和地上的觀測者位於同一直線上；然後繼續退行，再豎起另一根木表，再退行，再觀測，再讓表端、峰頂和觀測者連線；最後根據兩根木表的高度、間距和兩次退行的距離，推算出山峰之高，也就是山洞之深。

這種測量方法，正是前文所舉《海島算經》第一道例題的方法。

第二種方法，直接測洞深。要用到《海島算經》第四道例題「偃矩岸上，下測深谷」的方法：先在洞口豎起一支矩尺，從勾端下視洞底，視線與下股相交，記下相交處的刻度；再用石頭堆疊一個高臺，在高臺上豎起第二支矩尺，再從勾端下視洞底，視線又與下股相交，再記下相交處的刻度。有了兩個刻度，再量出兩支矩尺的高度差，根據相似三角形性質，列出方程式，即可推算山洞深度。

細心的朋友應該會提出問題：山洞深不見底，觀測者站

在洞口往下看，雲霧繚繞，水汽蒸騰，根本瞧不見洞底。其實無妨，當時參加搜救的人員當中，有不少內力深厚、眼力驚人的高手，像一燈大師，還有楊過本人，在黑漆漆的夜色中都能瞧得見東西，他們運起神功，應該看得見洞底某個明顯參照物。

不過，兩種方法比較起來，前一種方法更加可行，無需內力和眼力，只要掌握相似三角形的性質，理解重差術的原理，學會最基本的測量方法，即使我等凡夫俗子，也能將山洞深度推算得八九不離十。比黃蓉等人僅憑目測就去剝樹皮、搓長繩，就心急火燎地把程英吊下去，要科學許多。

↘ 黑風雙煞與楊輝三角

黃蓉、楊過、小龍女都是宋朝人，三角學在宋朝發展到空前成熟的地步，南宋秦九韶《數書九章》有許多關於三角學的例題，包括用畢氏定理推算堤壩高度，用三斜求積推算地塊面積，用全等三角形推算江河寬度，也包括用相似三角形推算城池周長、城牆厚度、軍營距離、敵軍數量等問題。

黃蓉的師姐梅超風也是宋朝人，她甚至用三角學來練功。讓我們回顧《射雕英雄傳》第四回，江南七怪來到蒙古大漠，無意中闖進一個怪異的地方，發現幾堆骷髏頭，不但擺得整整齊齊，而且每顆頭骨都有五個剛好能容納五根手指

的窟窿。

　　眾人不明所以，以為是兒童胡鬧，又以為是妖怪擺的陣法。飛天蝙蝠柯鎮惡雙眼看不見，但他見多識廣，當即問道：「這些頭骨是怎麼擺的？」

　　全金發說：「一共三堆，排成品字形，每堆九個骷髏頭。」

　　柯鎮惡驚問：「是不是分為三層？下層五個，中層三個，上層一個？」

　　全金發奇道：「是啊，大哥你怎麼知道？」

　　柯鎮惡如臨大敵，急忙吩咐眾人，從這三堆骷髏頭出發，分別向東北和西北方向各走百步，看那裡是不是也有骷髏頭。果不其然，東北方向的韓小瑩和西北方向的全金發同時大叫起來：「這裡也有骷髏堆！」

　　也就是說，在茫茫大漠中，江南七怪總共發現了三組骷髏頭，每組三堆，分別擺在正南方、東北方和西北方。並且，每堆頭骨都擺成金字塔狀的三角錐，下層最多，愈往上愈少。

　　柯鎮惡迅速得出結論：這是黑風雙煞的練功場！

　　黑風雙煞是兩個人，一男一女，兩口子，男的是綽號「銅屍」的陳玄風，女的是綽號「鐵屍」的梅超風，夫妻出自桃花島黃藥師門下，都是黃藥師的棄徒，從黃藥師那裡學會一身驚天動地的武功。

　　黃藥師博學多識，多才多藝，不但武功卓絕，詩詞歌賦、琴棋書畫、醫卜星相也是無所不通，在數學上也有不凡造

詣。梅超風夫婦在桃花島學藝時，除了研究武學，有沒有學到數學的一點皮毛呢？從兩口子擺放骷髏頭的架勢來看，應該是學到了。

三組頭骨分別位於正南、東北、西北。從南邊那組頭骨

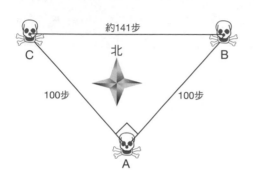

A出發，到東北那組頭骨 B 是一百步，到西北那組頭骨 C 也是一百步。說明將三組頭骨連線的話，會得到一個規則的等腰三角形，兩腰 AB 與 AC 還夾成一個直角

▲黑風雙煞將三組頭骨擺成等腰直角三角形

（西北方向與東北方向相間九十度）。換言之，三組頭骨分別位於等腰直角三角形的三個頂點上。

因為是直角三角形，所以能用畢氏定理算出從東北那組頭骨 B 到西北那組頭骨 C 的距離：

$$BC = \sqrt{AB^2 + AC^2} = \sqrt{100^2 + 100^2}$$

$$= \sqrt{20000} \approx 141 \text{步}$$

　　黑風雙煞偷學《九陰真經》下半部，為了修煉「九陰白骨爪」，殘害人命，濫殺無辜，惹得天怒人怨。他們擺放的頭骨，既是練功的道具，也是遇害者的遺骸，將已腐爛和未腐爛的新舊頭骨按照幾何規則順序擺放，大概還有對比檢驗武功進境的作用。但是，為何要將這些頭骨擺成嚴格的等腰直角三角形呢？為何要把每一堆頭骨都擺成三角錐呢？

　　推想起來，兩個原因：第一，黑風雙煞練的是邪門武功，離不開邪門儀式，將頭骨擺出某種幾何造型，應該是一種儀式；第二，黑風雙煞自幼跟隨黃藥師，可能接觸過數學，後來逐出師門，早期習慣沒丟，下意識地將頭骨擺成當年學過的三角形，堆成當年學過的三角錐。

　　宋朝數學沒有「三角錐」這個概念，如果讓一個宋朝數學家觀察金字塔造型的骷髏頭，想到的很可能是「賈憲三角」或「楊輝三角」。

　　賈憲是北宋數學家，楊輝是南宋數學家，二人都將二項式乘方展開式的係數排列成金字塔形狀，後人命名為賈憲三角或楊輝三角。畫出圖來是這個樣子：圖上數字滿足幾個明顯規律：第一，從第二

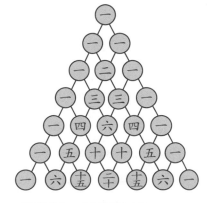

▲賈憲三角，亦稱楊輝三角

行開始，每個數都等於上面那行相鄰兩數的和；第二，每行數字都是左右對稱，都是從1開始逐漸變大，再逐漸變小直到為1；第三，第一行有一個數字，第二行有兩個數字，第三行有三個數字，第N行有N個數字⋯⋯

　　賈憲和楊輝當年費勁製作這張圖，僅為了玩數字排列遊戲嗎？當然不是。該圖有很強的實用性，可以幫助古人將（a+b）的n次方快而準確地展開成多項式。

　　比如（a+b）¹等於a+b，展開還是兩項，係數都是1，相當於楊輝三角的第二行數字1、1；（a+b）²等於a²+2ab+b²，展開變成三項，係數分別是1、2、1，楊輝三角第三行數字也是1、2、1；（a+b）³等於a³+3a²b+3b²a+b³，展開變成四項，係數分別是1、3、3、1，正是楊輝三角第四行數字⋯⋯

　　現在把（a+b）的六次方展開，可以查楊輝三角的第七行數位：1、6、15、20、15、6、1。總共七個數字，說明展開後的多項式有七項，係數分別是 1、6、15、20、15、6、1，寫出來是：$(a+b)^6 = a^6 + 6a^5b + 15a^4b^2 + 20a^3b^3 + 15a^2b^4 + 6ab^5 + b^6$。

　　黑風雙煞擺放的骷髏頭每堆九顆，其中上層一顆，中層三顆，下層五顆。1、3、5，這組數字既是一個等差數列，也是楊輝三角第一層、第三層和第五層的數字個數。如果梅超風閒極無聊，想寫出（a+b）⁴的展開式，不用擔心寫不出來，她摸一摸最底下那層頭骨，總共五顆，說明（a+b）⁴展

開後會得到一個五項的多項式。

梅超風內外兼修，內功和硬功都很了不起。江南七怪伏擊她，偷襲加群毆，朱聰用鐵扇打穴，韓小瑩用長劍劈砍，全金發用秤錘連續擊中她兩下，都不能讓她掛彩。用金庸先生原話講：「這鐵屍綽號中有一個鐵字，殊非偶然，周身真如銅鑄鐵打一般。」不過，梅超風也有一處罩門——《射雕英雄傳》第十回有交待，是在她舌頭底下，只需在那個點上一指，或者扎上一刀，世上就再也沒有梅超風了。

從數學角度講，梅超風還有另一處罩門：擺放骷髏頭的方式太過僵化，永遠不變。在江南七怪初次遇見她的荒山上，郭靖向馬鈺學習內功的懸崖上，以及金國王爺完顏洪烈府上的地窖裡，都是將三組骷髏頭擺成一個等腰直角三角形。設若敵人找到兩組骷髏，就能推算出第三組骷髏的位置，在那裡伏擊她。

為什麼不在前兩組骷髏處伏擊她呢？沒別的，梅超風感官發達，生性太機警，一上來就伏擊會被她發現。

↘ 假如梅超風懂三角函數

江南七怪伏擊梅超風是柯鎮惡制定的計畫：他先藏進一座地窖，裡面放著屍體，上面蓋著石板。梅超風夫婦練功，一定會從地窖裡取屍體，取屍體前一定會掀開石板。此時柯

鎮惡出其不意，發射劇毒暗器，將前來取屍的銅屍或鐵屍打成重傷，朱聰、全金發、韓寶駒等人再一擁而上，亂刀分屍。

此計本來可行，卻因韓寶駒大意失荊州，讓梅超風提前有了準備。《射鵰英雄傳》原文寫道：

> 梅超風忽聽得背後樹葉微微一響，似乎不是風聲，猛然回頭，月光下一個人頭的影子正在樹梢上顯了出來。她一聲長嘯，斗然往樹上撲去。
>
> 躲在樹巔的正是韓寶駒，他仗著身矮，藏在樹葉之中不露形跡，這時作勢下躍，微一長身，竟然立被敵人發覺。他見這婆娘撲上之勢猛不可擋，金龍鞭一招「烏龍取水」，居高臨下，往她手腕上擊去。梅超風竟自不避，順手一帶，已抓住了鞭梢。韓寶駒膂力甚大，用勁回奪。梅超風身隨鞭上，左掌已如風行電掣般拍到。掌未到，風先至，迅猛已極。韓寶駒眼見抵擋不了，鬆手撤鞭，一個筋斗從樹上翻將下來。梅超風不容他緩勢脫身，跟著撲落，五指向他後心疾抓。

梅超風何以發現樹上有人？因為藏在樹葉裡的韓寶駒沉不住氣，露出了頭，發出微微一響，再加上當時月光皎潔，將他的影子顯了出來。一有聲，二有影，以梅超風之能，焉能發現不了？

敵人來襲，間不容髮，梅超風一見敵蹤，立即朝樹上撲

去，正所謂「以攻為守」，「先下手為強」。假如韓寶駒不是敵人，並不想偷襲梅超風，又假如梅超風宅心仁厚，不願意傷害韓寶駒，此時倒是梅超風運用三角學知識推算大樹高度的好時機。

　　怎麼推算樹的高度？非常簡單。那天晚上不是有月亮嗎？月亮不是投射出韓寶駒的影子嗎？梅超風先量出地上韓寶駒影子到大樹的距離，再量出自己影子的長度，即可算得出樹的高度。

　　設梅超風身高五尺，月光下的影子長七尺，7除以5等於1.4，說明梅超風抬頭看月時視線仰角的正切值是1.4。再設樹高x尺，韓寶駒影子到樹的投影距離是二十尺，投影距離除以x，等於韓寶駒抬頭看月時視線仰角的正切值。鑑於月亮離地面極遠，在同一地域和同一時間，無論趴在地上還是坐在樹上，人們看月亮的視線仰角都相差極小，幾乎可以認為完全相同。既然仰角相同，所以仰角的正切值也相同，所以韓寶駒影子到大樹的距離除以樹高，也應該等於1.4，列方程式：$\frac{20}{x}=1.4$，解此方程式，$x \approx 14$。

　　不過這樣推算出的高度，僅是從地面到韓寶駒藏身處那幾根樹杈的高度，並不是從地面到樹梢的高度。如果梅超風要推算樹梢有多高，應該測量樹梢的影子。假定月光足夠皎潔，將樹梢的影子清清楚楚投射在地面上，梅超風量出從樹梢影子到大樹的距離是三十尺，方程式將變成：$\frac{30}{x}=1.4$，

解此方程式，$x \approx 21$，意思是韓寶駒藏身的那棵大樹全高二十一尺。

　　剛才說到正切值，小學生可能聽不懂，中學生肯定聽得懂。正切、餘切、正弦、餘弦、正割、餘割都是國中數學課的三角函數概念。用三角函數做測量，比用全等三角形和相似三角形更精確，對測量環境的要求更低。

　　拿測量大樹舉例子，梅超風要是學過三角函數的入門知識，不用韓寶駒幫忙，也不需要觀察人影和樹影，只要有一根尺子和一個能測角度的工具，任何時候都能推算大樹高度。

　　梅超風在大樹不遠處一塊平地上安裝測角儀，用測角儀仰測樹梢，設測角儀高度 AB 是五尺，到樹梢最高點 E 的仰角是三十度，從測角儀到大樹的水準距離 BC 是十尺。畫出

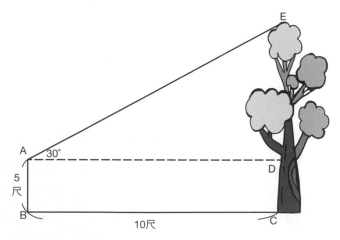

▲梅超風用三角函數測量樹高

示意圖，從A點向大樹作垂線，與樹幹相交於D點。將A、D、E三點相連，得到一個直角三角形，根據三角函數知識，對邊ED除以鄰邊AD，得到仰角三十度的正切值，即：

$$\frac{ED}{AD} = \tan 30°$$

已知AD長度是十尺。三十度角的正切值可以查表，約為0.577。列出方程式：

$$\frac{ED}{10} = 0.577$$

解得ED=5.77，大約六尺。再加上測角儀的高度五尺，得到大樹的全高約十一尺。

萬一大樹四周密布機關，梅超風無法靠近，無法丈量從測角儀到大樹的距離，更是三角函數發揮威力的好機會。

我們讓梅超風在遠離機關的某個地方安放測角儀，高度AB仍為五尺，到樹梢最高點E的仰角變成二十五度（觀測高度不變，離樹愈遠，仰角愈小）；然後她後退三尺，再次安放測角儀，並將測角儀高度FG調整為八尺，到樹梢最高點E的仰角變成十五度。

畫示意圖，從A點向大樹做垂線，與樹幹相交於D點；再從F點向大樹做垂線，與樹幹相交於P點。另外，將樹幹

與地面相交處定為C點，則EC是大樹的全高。

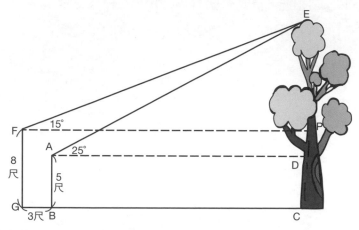

▲梅超風再次用三角函數測量樹高

　　大樹高度EC等於CD加PD加EP。其中CD等於AB為五尺；PD等於PC減CD，PC又等於FG，所以PD等於FG減CD，等於八尺減五尺為三尺。CD、PD已知，只需推算出EP的高度，則大樹高度唾手可得。

　　現在圖上有兩個直角三角形，一個是△EFP，一個是△EAD。根據三角函數知識可知：

$$\frac{EP}{FP} = \tan 15°$$

$$\frac{ED}{AD} = \tan 25°$$

上面等式中，FP等於AD加BG，BG為三尺，所以FP等於AD+3。ED等於EP加PD，PD為三尺，所以ED等於EP+3。所以上式可以改寫成：

$$\frac{EP}{AD + 3} = \tan 15°$$

$$\frac{EP + 3}{AD} = \tan 25°$$

設EP為x，AD為y，再查得$\tan 15°$約等於0.268，$\tan 25°$約等於0.466，將上式轉化為聯立方程式：

$$\begin{cases} \dfrac{x}{y + 3} = 0.268 \\ \dfrac{x + 3}{y} = 0.466 \end{cases}$$

解此方程式，$x \approx 6$，即EP為六尺。EP再加上PC就是樹高，EP高六尺，PC高八尺，所以樹高十四尺。

↘ 西學東漸與乾坤大挪移

在真實世界，三角函數應用很廣：工程測量、天文觀測、衛星定位、考古發掘、輪船航行、情報攔截，以及用導彈或炮彈轟擊軍事目標，都離不開三角函數。但是，比較遺憾的

是中國古代數學界並沒有獨立發展出三角函數。梅超風生活的宋朝，張無忌生活的元朝，都沒有數學家研究三角函數，更沒有工程技術人員運用三角函數。

明朝後期，義大利傳教士利瑪竇（Matteo Ricci，西元一五五二年～一六一〇年）定居北京，與中國學者合著數學書籍《同文算指》，介紹當時歐洲的計算方法，怎麼加減乘除，怎麼乘方開方，怎麼解方程式和聯立方程式，怎樣手算正弦和餘弦。從《同文算指》出版那天起，三角函數知識才首次傳入中國。

明朝末年，瑞士傳教士鄧玉函（Johann Schreck，西元一五七六年～一六三〇年）和德國傳教士湯若望（Johann

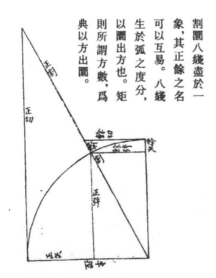

割圜八綫盡於一象，其正餘之名可以互易。八綫生於弧之度分，以圜出方也。矩則所謂方數，爲典以方出圜。

▲《八線表》的三角函數圖解

Adam Schall von Bell，西元一五九一年～一六六六年）來華，共同撰寫成兩本數學小冊子：一本叫《大測》，講三角測量，涉及正弦、餘弦、正切、餘切，以及正弦定理、餘弦定理和正切定理；另一本叫《八線表》，既是三角函數的圖解說明，又是三角函數的數值表。兩書在

北京印行，幫助中國的天文曆法學家和工程測量人員拓寬了知識面，掌握新的推算技能。

嚴格講，利瑪竇、湯若望和鄧玉函都算不上數學家，只是受過數學教育的傳教士，他們的數學知識在歐洲非但不新鮮，甚至有些陳舊。但是，這些陳舊的數學知識傳入中國，卻推動了中國數學的發展。宋朝以降，中國數學本來陷入停滯狀態，元朝和明朝的數學家往往用畢生精力去注解《九章算術》等古老文獻，沒有興趣和能力創造新的數學知識。明朝後期，西風刮來了傳教士，傳教士用歐洲數學幫中國君主推算曆法、製造大炮，某些方面確實比中國數學更好用，等於在中國數學界的背上抽了一小鞭，止步不前的老馬一下子驚醒了，開始奮蹄直追。

清朝乾隆、嘉慶年間，中國學者戴震在多年研習傳教士編撰的數學小冊子後，用歐洲筆算法重新解決中國數學古籍上的習題，還用三角函數知識改進中國工程測量界沿用了至少二千年的矩尺。

傳統矩尺只能測長短，不能測角度，只能根據相似三角形性質做推算，不能根據三角函數做推算。戴震改進後的矩尺則是形如方盤，有鉛垂線，勾股刻長度，盤面刻角度，既可用於相似三角形測量，也可用於三角函數測量。

雖然說都是三角測量，相似三角形的應用範圍和計算精度都遠遠不如三角函數。戴震曾經撰寫《算學初稿》，其中

▲戴震根據義大利數學家納皮爾(John Napier)籌算規則繪製的《策式》,可用於速算

一章〈準望簡法〉,專門講解怎樣用矩盤(改進後的矩尺)測量城牆高度與河流寬度。

不過,戴震一方面承認歐洲數學的先進性,一方面又非常迂腐地認為所有數學知識都源自中國。他評價歐洲三角學:「歐羅巴竊取勾股為三角法。」歐洲三角學看似先進,

實際上剽竊了古老中國的畢氏定理。假如他對世界數學史稍有了解，就該打自己三個耳光。現在我們知道，最早記載畢氏定理（實際上只記載了一個特例）的中國古籍《周髀算經》誕生於二千多年前，而古希臘數學家海倫在差不多同一時間，不但

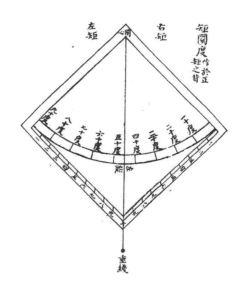

▲戴震改進後的矩尺，形如方盤，可稱「矩盤」

記載畢氏定理，還證明了畢氏定理，甚至在中國數學家秦九韶推導三斜求積術之前一千多年，就推導出了用三邊長度計算三角形面積的正確方法。

　　最近幾十年來，影視劇和文學作品都拚命歌頌滿清皇帝康熙，說他「千古一帝」、「學貫中西」、「天文、地理、代數、幾何無所不通」。康熙晚年，義大利傳教士馬國賢（Matteo Ripa，西元一六九二年～一七四五年）曾在宮廷供職，深受康熙賞識，我們不妨聽聽他在回憶錄中對康熙的評價：「大皇帝認為自己是一個偉大的數學家，其實他只是很感興趣罷了。」也就是說，康熙對數學有興趣，卻談不上精通。

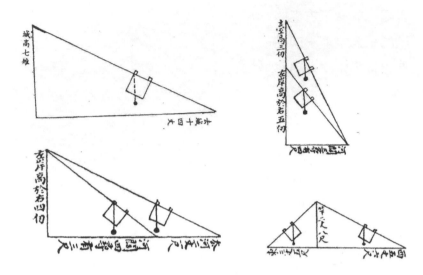

▲用矩盤測量城高與河寬，以上各圖摘自戴震《算學初稿‧準望簡法》

　　但康熙非常自信，他與某巡撫大臣討論數學，毫不臉紅地斷言：「夫演算法之理，皆出自《易經》，即西洋演算法亦善，原係中國演算法，彼稱之為阿爾朱巴爾。阿爾朱巴爾者，傳自東方之謂也。」阿爾朱巴爾是英文 algebra 的音譯，源於拉丁語 al-jabr，意思是「還原」，例如將 $2x-5=5-3x$ 還原成 $5x=10$，相當於我們現在說的「化簡」，和「傳自東方」沒有半點關係。

　　在歐洲數學推動下，清朝數學發展迅猛，一大堆中西合璧的數學書籍先後問世，這些作者都是中國士大夫，他們的觀念與康熙和戴震相同，都將「西學東漸」解釋成「出口轉

內銷」——什麼代數學、幾何學都是中國人創造的，被洋人學會，又傳回中國而已。

僅就亞洲範圍內而言，古代中國的數學成就確實堪稱第一。包括文字、建築、烹飪、官制等領域，中國也是稱雄東亞，一千多年裡始終是幾個鄰國的老師。跳出亞洲呢？馬上就能發現中國在很多方面都不是第一。這很正常，沒有哪個國家能做到處處第一，卻有某些國家的國民坐井觀天，盲目自大，自以為處處第一。

武俠世界裡也有不少盲目自大的人，最典型的個例當推峨眉掌門滅絕師太。這老尼姑非常自負，誰都不服（武學泰斗張三豐除外），不但認為自己的武功獨步天下，還認為中華武學一定勝過外國武學。《倚天屠龍記》第二十二回，張無忌施展乾坤大挪移神功，以一人之力會鬥崑崙派和華山派四大高手，滅絕在旁邊大發議論：「這少年的武功十分怪異，但崑崙、華山的四人，招數上已鉗制得他縛手縛腳。中原武功博大精深，豈是西域的旁門左道所及！」

乾坤大挪移是波斯絕學，崑崙派武功和華山派武功是中華絕學，張無忌用波斯絕學PK中華絕學，以一鬥四，最後還勝了，說明「西域的旁門左道」未必落後於「博大精深」的中原武功。但滅絕不管不顧，就是堅信中國第一。如果有人將乾坤大挪移心法譯成中文，交給滅絕研究，這老尼姑一定能得出一個更加自信的結論：「夫武學之理，皆出自《易

經》，即波斯武功亦善，原係中國武功，彼稱之為乾坤大挪
移。乾坤大挪移者，挪自東方之謂也。」

第六章

黃蓉教你解方程式

四元術

古代中國數學家喜歡將某些定理、公式、解題方法稱為某某術。比如畢氏定理叫做「勾股術」，負數運算法則叫「正負術」，透過矩陣變換求解聯立方程式的演算法叫「方程術」，巧用完全平方公式手動開平方的演算法叫「九章開方術」，用三邊長度計算三角形面積的公式叫「三斜求積術」，用相似三角形性質進行測量的方法叫「重差術」。

勾股術、正負術、方程術、重差術、三斜求積術……聽起來很神祕，看上去很玄妙，彷彿武俠小說的攝心術、點穴術、輕功提縱術、左右互搏術、傳音入密術、飛花摘葉術、分筋錯骨手、壁虎遊牆功、降龍十八掌、九陰白骨爪等武功，有強大的實用性和殺傷力。事實上，這些定理、公式和解題方法雖說沒有殺傷力，但確實和武功一樣實用。

我們再看古代中國數學家獨創的另一門武功——四元術。話說《射鵰英雄傳》第二十九回，郭靖背著身受重傷的黃蓉，闖進瑛姑隱居地，瑛姑正聚精會神為55225開平方。瑛姑尚未算完，黃蓉隨口報出答案：235。瑛姑以為黃蓉瞎貓撞上死耗子，又讓她替34012224開立方。黃蓉還是脫口而出：324。瑛姑不服，將郭靖與黃蓉領進裡屋，只見地板上鋪滿細沙，上面畫著許多橫平豎直的符號和大大小小的圓圈，還寫著「太」、「天元」、「地元」、「人元」、「物元」

等字樣。面對這些符號和文字，郭靖如對天書，黃蓉卻毫不費力地看懂了。不但看懂了，還能快速求解。

　　原文寫道：「黃蓉從腰間抽出竹棒，倚在郭靖身上，隨想隨在沙上書寫，片刻之間，將沙上所列的七八道算題盡數解開。」瑛姑寫在細沙上的符號和文字，到底是什麼東西呢？金庸先生有注解：「即今日代數中多元多次方程式，我國古代算經中早記其法，天、地、人、物四字，即西方代數中X、Y、Z、W四未知數。」

　　金庸說得對嗎？對了一半。天元、地元、人元、物元確實代表方程式的未知數；但在一個或一組方程式寫下天、地、人、物四字，只表示該方程式是多元方程式，並不代表多次方程式。

　　另外，用天、地、人、物表示未知數，是元朝數學家朱世傑所發明，用來表示四元及四元以下的多元方程式，數學史上稱為「四元術」。黃蓉和瑛姑生活在宋朝，雖然也有四元方程式，甚至還有更多元的方程式，但卻沒有出現四元術。宋朝人列方程式，還是習慣像漢、唐時期的數學家一樣，將方程式列成矩陣形式，矩陣只有未知數的係數和常數項，沒有未知數。所以，瑛姑在沙地上列的方程式，應該只有數字，沒有文字。就算有文字，也不會「超前」到使用天、地、人、物等。

　　朱世傑發明四元術，最初也不是為了列多元方程式，而

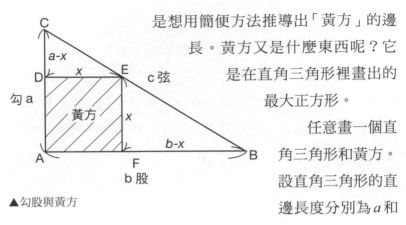

▲勾股與黃方

是想用簡便方法推導出「黃方」的邊長。黃方又是什麼東西呢？它是在直角三角形裡畫出的最大正方形。

任意畫一個直角三角形和黃方。設直角三角形的直邊長度分別為 a 和 b，斜邊長度為 c，黃方的邊長為 x。由圖可知，黃方的面積 x^2，加上 $\triangle CDE$ 和 $\triangle EFB$ 的面積，就是 $\triangle ABC$ 的面積。$\triangle CDE$ 的底為 x，高為 $a-x$；$\triangle EFB$ 的底為 $b-x$，高為 x；$\triangle ABC$ 的底為 b，高為 a。列出方程式：

$$x^2 + \frac{(a-x)\times x}{2} + \frac{(b-x)\times x}{2} = \frac{ab}{2}$$

化簡方程式，將 x^2 約去，可得：

$$x = \frac{ab}{a+b}$$

這是用代數法推導黃方邊長，所列方程式包括四個未知數：x、a、b、c。推導後，黃方邊長 x 等於直角三角形三邊長度 a、b、c 組成的一個代數式。整個推導過程並不複雜，

學過國中數學的小朋友就能獨立完成。

　　但朱世傑是古人，沒見過西方代數，不可能用 x 表示黃方邊長，用 a、b、c 表示直角三角形的三個邊。如果不使用未知數，直接加減乘除和乘方，整個推導過程將變得異常複雜，並且容易出錯。於是乎，朱世傑採用一個非常天才的辦法——用天、地、人、物這四個漢字，分別代表黃方邊長和直角三角形的三邊。他用漢字列出方程式，再進行化簡，最終得到了正確的推導結果。

　　推導黃方邊長的過程中，朱世傑嘗到用多個漢字表示多個未知數的甜頭，所以他把這個方法推而廣之，發明了四元術。朱世傑著有《四元玉鑒》，用「太」表示常數項，用「天元」、「地元」、「人元」、「物元」表示未知數，偶爾也用「甲」、「乙」、「丙」、「丁」表示未知數。用這些漢字表示的未知數，不僅能列出四元方程式，也能列出三元、二元和一元方程式。

　　我們解多元方程式，通常需要列出聯立方程式，有多少個未知數，聯立方程式要包含多少個方程式。朱世傑擅長用多元方程式解決三角學問題，未知數是直角三角形的邊長和黃方的邊長，這些未知數之間存在緊密的數量關係，只要祭出畢氏定理和黃方公式（即前面推導出的黃方邊長公式 $x = \dfrac{ab}{a+b}$）這兩大武器，就能將多元方程式化簡成一元高次方程式。單個的多元方程式也許無法求解，變成一元方程式後，求解就簡單多了。

四象會元

相消得□卜為今式次置句股和□卜□句弦和
太卜一股弦和□卜弦和□太卜□句弦和
以句除□ 與股暴減太卜消得□句弦較相□
□太□之得□ 句弦較相□。云式□
□ 倍句倍股弦併之□
□ 倍句倍股併之與
相消暴暴股與弦暴外
相消得三元之式□ 物元相消得物元
之□太□ 與云式□太卜□相消得□太□
□以東今式得□太□ □物元相消得物元
□式右行□太□□ 相消得□太□ 易
天□□太物元之□□。太□卜又
位□□□物元之□□。太□卜相消
式自襄 □□。□□□□□太□。倍

▲朱世傑《四元玉鑒》，他用「太」表示常數項，用「天元」、「地元」、「人元」、「物元」表示未知數

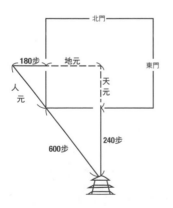

北門
東門
180步　地元
人元
天元
600步
240步

▲四元術舉例：用多元方程式推算城池長寬

以《四元玉鑒》收錄的一道方程題為例：「今有直邑，不知大小，各開中門，只雲南門外二百四十步有塔。人出西門，行一百八十步見塔。復抹邑西南隅，行一里二百四十步，恰至塔所。問邑長闊各幾何？」有一座長方形城池，長短未知，東西南北四堵城牆的中段各開一個城門，其中南門向南二百四十步有一座塔。某人從西門向西走一百八十步，能看到南門外那座塔；又從城池西南角出發，向東南走一里二百四十步（秦漢以降，一里為三百六十步），恰好走到那座塔下。請問城池的長度和寬度各是多少？

首先統一單位，一里

二百四十步等於六百步。畫出示意圖，在城池正中央選定一
個點，設該點到南門的距離為天元，到西門的距離為地元，
則天元的二倍即為城池南北長度，地元的二倍即為城池東西
長度。又從西門西行一百八十步到某點，設從該點到城牆西
南角的距離為人元。根據畢氏定理，列出方程式：

$$（180＋地元）^2＋（240＋天元）^2＝（600＋人元）^2$$

　　孤苦伶仃的方程式，卻含有天元、地元、人元三個未知
數，怎麼解？原則上無法解。好在這些未知數分別都是直角
三角形的線段，能逐步推算和化簡。朱世傑將這個三元方程
式化簡成一元高次方程式：

$$天元^4＋480×天元^3－270000×天元^2＋15552000$$
$$×天元＋1866240000＝0$$

　　再用前代數學家賈憲、楊輝、秦九韶等人發明的「增乘
開方術」、「釋鎖開方術」、「正負開方術」求解，解得天元
＝240。將240代入原方程式，又算出地元＝180。因為城池
南北長度是天元的二倍，東西長度是地元的二倍，所以城長
寬各為四百八十步和三百六十步。
　　需要說明的是，朱世傑沒有見過阿拉伯數字，他用四元

術列出的方程式，絕對不是我們書寫的這個樣子，而是用算籌符號表示數字，用算籌位置表示乘方。列出的多元方程式正像金庸先生描寫的那樣：「細沙上畫著許多橫平豎直的符號，和大大小小的圓圈。」橫平豎直的符號就是算籌符號，大大小小的圓圈則是占位符，近似於現在的0。

↘ 天元術

《射雕英雄傳》的黃蓉用一根小竹棒在沙地上寫寫畫畫，三下五除二，就將多元方程式解了出來。瑛姑看傻了，因為她苦苦解了好幾個月都沒算出答案。她呆了半晌，對黃蓉說：「你是人嗎？」注意，這句話可不是罵黃蓉，而是表達內心的驚訝和嘆服。

黃蓉微微一笑，說出一番讓瑛姑更加嘆服的話：「天元四元之術，何足道哉？算經中共有一十九元，『人』之上是仙，明、霄、漢、壘、層、高、上、天，『人』之下是地、下、低、減，落、逝、泉、暗、鬼。算到第十九元，方才有點不易罷啦！」

如果我們不了解數學發展的歷史，只看武俠小說，一定會以為四元術在先，十九元在後；一定會以為十九元就是包含了十九個未知數的超級多元方程式。金庸先生寫這段情節時，很可能也是這樣認為的。

　　其實，四元術產生於元朝，十九元最遲在金朝就有了，十九元在先，四元術在後。四元術是多元方程式的一種寫法，用多個漢字表示多個未知數；十九元卻不是多元方程式，而是高次方程式，僅有一個未知數的一元高次方程式。

　　我們喜歡用 x 表示未知數，習慣用未知數右上角的阿拉伯數字表示平方、立方、高次方。我們寫一元高次方程式，簡單快捷，清晰明瞭。$17x^9+4x^7+3x^3-12x^2+8x+49=0$，你看，多麼簡單，多麼清晰，還不占空間，節省紙張。

　　古人無代數，只能用文字表示未知數和指數。一元高次方程式用「天元」表示未知數，用天、人、地、下、低、減、落、逝、泉、暗、鬼等漢字表示次方，係數和常數項則用算籌或算籌符號表示，寫起來極為麻煩。比如 $31x^3+63x^2+2x+21=0$，這麼簡單的一元高次方程式，古代數學家來寫會是上下排列的一堆算籌符號，算籌符號右邊再分別寫人、天、上、高。其中「人」表示常數項，相當於零次方，「天」表示一次方，「上」表示二次方，「高」表示三次方。

　　這種寫法可能源於宋朝，也可能源於金朝。金朝數學家李冶說：「予至東平，得一算經，大概多明如積之術，以十九字志其上下層

二〡	人	=21
‖	天	=2x
〒‖	上	$=63x^2$
三〡	高	$=31x^3$

▲一元高次方程式 $31x^3+63x^2+2x+21=0$ 的古代寫法

數，曰：仙、明、霄、漢、壘、層、高、上、天、人、地、下、低、減、落、逝、泉、暗、鬼。此概以人為極，而以天、地各自為元而陟降之……予遍觀諸家如積圖式，皆以天元為上，乘則升之，除則降之。獨太原彭澤彥材法，立天元一在下。凡今之印本《複軌》等書，俱下置天元者，悉踵習彥材法耳。」

　　李冶說他早年在東平（隸屬山東）得到一本數學書，書中寫到高次冪（如積之術），將十九個漢字上下排列，表示常數項和未知數的不同次方。這十九個字包括：仙、明、霄、漢、壘、層、高、上、天、人、地、下、低、減、落、逝、泉、暗、鬼。其中，人是常數，其他漢字是未知數的指數。以人為界，天、上、高……霄、明、仙，代表的指數愈來愈大，天是一次方，上是二次方，高是三次方……壘是五次方，漢是六次方……人後面的那些字，地、下、低……暗、鬼，則表示負指數，地是負一次方，下是負二次方，低是負三次方……泉是負六次方……

　　李冶還說，山西有一個數學家彭澤，列高次方程式的方法別開生面，將十九個漢字的指數順序顛倒，人還是常數，天、上、高、層等字卻成了負指數，這種背道而馳的方法甚至被印入數學教材。

　　用十九個漢字代表常數和指數，是西方代數傳入中國之前，中國人搞出來的代數學，用這套中國代數書寫一元高次

方程式，數學史稱之「天元術」。很顯然，天元術不是解方程式的方法，而是列方程式的方法，用這種方法列出的方程式也不是多元方程式，而是只有一個未知數的多次方程式。

　　李冶著有《測圓海境》，與三角測量有關，書中有一道例題，用三角學推算一座圓形城池的直徑。原題比較複雜，不再抄錄，我們只看這道題用到的方程式：

$$x^4 + 70x^3 - 2296x^2 + 15750x - 72 = 0$$

解得 $x=12$。

　　現在用天元術，把這個方程式再列一遍。

　　72是常數項，用算籌符號寫出，右側再寫「人」。前有負號，則用「益」字表示。15750是 x 的係數，用算籌符號寫出，右側再寫「天」。-2296 是 x^2 的係數，用算籌符號寫出，右側寫「上」，左側寫「益」。然後，x^3 的係數是70，x^4 的係數是1，分別用算籌符號寫出，右側各加「高」字和「層」字。

　　常數項在上，一次項、二次項、三次項、四次項依次在下，如下圖所示，就是該高次方程式的天元術形式。

　　仔細看下頁圖，或許能體會到郭靖郭大俠當年的感覺：面對「許多橫平豎直的符號和大大小小的圓圈」，以及旁邊那幾個莫名其妙的漢字，是不是像看天書一樣？同樣的符號和文字，為什麼黃蓉不像看天書？為什麼黃蓉能解讀還能算

益　　　〒∥　　　人

　|—〒∥—○　天

益　　≡∥〒⊥　　上

　　　〒○　　　高

　　　　|　　　　層

▲高次方程式的天元術形式

出答案？因為她學過天元術，學過解方程式，這就是知識的力量。

◥ 開方和開數

　　黃蓉在瑛姑屋裡沙地上求解的是多元方程式，她講給瑛姑聽的「算到十九元，方才有點不易」的是高次方程式。多元方程式不好解，高次方程式也不好解，現在不好解，對古人來說更不好解，所以我們要循序漸進，先了解一元一次方程式和一元二次方程式的解法。

　　現在，必須再次翻開漢朝數學經典《九章算術》。

　　為什麼非要翻開這本書呢？因為漢語裡「方程」這個詞最早出自《九章算術》。當然，「方程」是指聯立方程式，特指最簡單的線性方程組，即由 $ax+b=c$ 這種方程式構成的聯立方程式。解這類聯立方程式，可以不管未知數，只寫係數和常數，將係數和常數列成矩陣，矩陣變換，化簡消元，得到一個未知數的解，再將這個解代入，得到其他未知數的解。第三章有一節〈漢朝人怎樣解聯立方程式？〉，對漢朝數學家用矩陣求解聯立方程式的過程敘述甚詳，哪位讀者想不起來，請把書往回翻，再看一遍。

　　除了聯立方程式，《九章算術》應該也有單個的方程式。例如《九章算術‧均輸章》收錄的一道例題，說某人運米過關，要過三個關卡，交三次稅。過第一道關，交三分之一的稅；第二道關，五分之一的稅；第三道關，七分之一的稅。三道關過完，此人還剩五斗米，那麼他原有多少米呢？

　　原題附有計算過程：「置米五斗，以所稅者三之，五之，七之，為實。以餘不稅者，二、四、六相乘，實如法。」過完關，交完稅，最後不是剩五斗米嗎？將這五斗乘以3，乘以5，乘以7，連乘積等於525，再除以2、4、6這三個數的連乘積48，商是10.9375，約等於11。也就是說，過關之前原有大米十一斗，三關過完，只剩一半還不到（可見古代苛捐雜稅有多重）。

　　答案是對的，解題過程卻讓人胡塗：憑什麼先乘以3、5、7？憑什麼又除以2、4、6？2、4、6是怎麼冒出來的呢？

　　只有列出方程式，才能搞明白3、5、7和2、4、6的來歷。設原有大米x斗，過第一關，交稅$x \div 3$，剩$x-x \div 3$；過第二關，交稅$(x-x \div 3) \div 5$，剩$x-x \div 3-(x-x \div 3) \div 5$；過第三關，交稅$[x-x \div 3-(x-x \div 3) \div 5] \div 7$，剩$x-x \div 3-(x-x \div 3) \div 5-[x-x \div 3-(x-x \div 3) \div 5] \div 7$。最後僅剩五斗，所以有$x-x \div 3-(x-x \div 3) \div 5-[x-x \div 3-(x-x \div 3) \div 5] \div 7=5$；將$x$提出來，化簡方程式，得：

$$(\frac{2}{3} \times \frac{4}{5} \times \frac{6}{7})x = 5$$

化簡後的方程式又等價於：

$$\frac{2 \times 4 \times 6}{3 \times 5 \times 7} x = 5$$

計算思路呼之欲出：用5乘以3、5、7，再除以2、4、6，剛好得到 x。《九章算術》的作者，那個不可考的漢朝數學家，當初一定列過方程式，一定將 x 的係數化簡成了2、4、6與3、5、7的商，否則不可能給出那麼奇葩的計算過程。

有人評價偉大的數學天才、德國數學家高斯（Gauss，西元一七七七年～一八五五年），說他寫論文時，總是把思考過程全部省略，只把最簡略、最精煉的證明留在紙上，讓讀者為他的結論驚嘆不已，卻又搞不懂整個證明思路到底是怎麼想出來的，「他就像一隻狡猾的狐狸，用尾巴掃平沙子，蓋住自己的足跡。」《九章算術》的作者可能也有高斯那樣的習慣，能為每一道例題提供簡潔有效的算式，卻不告訴你那些神祕莫測的算式，其實是先列方程式再化簡的結果。

直接在解題過程中設未知數和列方程式，是宋朝以後數學家才養成的習慣。元代朱世傑的《四元玉鑒》，從一次方程式到多次方程式，從一元方程式到多元方程式，都有一套固定的概念和成熟的解法。以一元方程式為例，未知數叫做

「天元」，方程式的根叫做「開數」，求根的過程叫做「開方」，解一元四次方程式叫做「開三乘方」，解一元三次方程式叫做「開二乘方」，解一元二次方程式叫做「開平方」，解一元一次方程式叫做「開無隅平方」。

　　元、明時期，形如 $ax^2+bx=c$ 的一元二次方程式，二次項 x^2 稱為「隅」，係數 a、b 稱為「從方」，常數項 c 稱為「實」，如果 c 為負數，則叫「益實」。一元一次方程式 $bx=c$ 沒有二

▲一氣混元，兩儀化元，三才運元，四象會元，《四元玉鑑》中一元高次方程式和二元聯立方程式、三元聯立方程式、四元聯立方程式的解法

次項，也就是沒有x^2，所以沒有「隅」，解一元一次方程式叫做「開無隅平方」。

一元一次方程式非常好解，$bx=c$，拿c除以b，得到x的值，方程根就出來了。用元朝數學家的術語，常數項c為「實」，係數b為「從方」，c除以b，叫做「實如從方」，得到的商叫做「開數」。所謂開數，就是方程的根。

明朝珠算祕笈《算法統宗》收錄很多用一元一次方程式即可解決的趣味例題，任舉一例：「巍巍古寺在山中，不知寺內幾多僧。三百六十四隻碗，恰合用盡不用爭。三人共食一碗飯，四人共嘗一碗羹。請問先生能算者，都來寺內幾多僧？」

從前有座山，山上有座廟，廟裡有一群老和尚，吃飯要用三百六十四個碗。已知每三人共用一個飯碗，每四人共用一個湯碗，請問這群老和尚總共有多少人？

列出方程式：

$$\frac{x}{3} + \frac{x}{4} = 364$$

合併同類項，化簡成$bx=c$的形式：

$$\frac{7}{12}x = 364$$

常數項 c 除以係數 b，得到方程根：

$$x = 364 \div \frac{7}{12} = 624$$

答：這群老和尚總共有六百二十四人。

二次方程式稍難一些。我們解二次方程式，會盡量用平方和公式、平方差公式或完全平方公式，能配方的配方，能因式分解的因式分解。萬一不能配方和因式分解，還能用一元二次方程式的通用求根公式：

$$x = \frac{-b \pm \sqrt{b^2 - 4ac}}{2a}$$

將二次方程式化簡為標準形式 $ax^2 + bx + c = 0$，再將 a、b、c 的值代入求根公式，能算出所有根。當然，使用這個求根公式前，最好用判別式 $\Delta = b^2 - 4ac$ 判斷根的情況：Δ 為零，只有一個實數根；Δ 為正，有兩個不相等的實數根；Δ 為負，沒有實數根。

可惜的是，古代中國數學家沒有做出二次方程式的求根公式，解方程式要嘛配方，要嘛分解因式，要嘛對某個數字手動開平方，一步步地估根、試根和修正根，最後得到根的正確值或近似值。

以《四元玉鑑》的一道方程題為例，「立天元一為勾，

地元一為股，人元一為開數，三才相配求之，得一百八十八
為正實，九十六為益方，一為正隅，平方開之。」意思是說，
設某直角三角形的勾為 x，股為 y，列出二元方程式，再化
簡為一元二次方程式，該方程式常數項為 188，一次項係數
是-96，二次項係數是 1，求這個一元二次方程式的根。

　　設根為 w，列出方程式：$w^2 - 96w + 188 = 0$。

　　可以分解因式，96 等於 94+2，188=94×2，用十字相乘
法，方程左邊分解成（$w-2$）（$w-94$），輕鬆得到方程解，
w=2 或 94。

　　也可以先用判別式 $\Delta = b^2 - 4ac$ 判斷根的情況。$\Delta = (-96)^2$
$-4 \times 1 \times 188 = 8464$，$\Delta$ 為正，說明存在兩個不相等的實數根。
再代入求根公式，w_1=94，w_2=2。

　　但是，朱玉傑的解法特別麻煩。他先移項，將方程式轉
化成 $w^2 = 96w + 188$；再開方 $w = \sqrt{96w - 188}$；替 w 估一
個初始值 w_0，例如 100。將 w_0=100 分別代入左右兩邊，左邊
等於 100，右邊約等於 97；再把 97 代入方程式，等號左邊等
於 97，右邊約等於 95；再把 95 代入方程式，左邊等於 95，
右邊約等於 94；最後把 94 代入，左邊等於 94，右邊也等於
94。所以，94 就是這個一元二次方程式的解。

　　先估根再代入，再將代入值不斷反覆運算，最終得到方
程解，這種方法並非朱玉傑首創，它是西方代數學傳入中國
前，中國數學家普遍採用的手動開方法和高次方程式求解

法。宋朝以降，雖有增乘開方和正負開方等演算法問世，也僅是縮小估值範圍，降低反覆運算次數，提高計算速度，並沒有發展出二次方程式、三次方程式、四次方程式的求根公式。

用估根加反覆運算的演算法解方程式，不但費時費力，而且很容易丟根。前面例子中，朱世傑求解 $w^2 = 96w + 188$，只算出94這個根。而我們早就用求根公式算出答案，這個方程式有94和2兩個根。如果朱世傑估根時，將初始值定為2（最小必須是2，否則會出現對負數開平方的局面，這在古人眼裡是不可理喻的），他絕對不會丟掉2，但卻會丟掉94，因為將2代入已經符合要求了，他不會再去尋找別的根。

丟根不丟人

解方程式丟根，丟人嗎？放在今天，確實丟人；放在古代，司空見慣。不但中國數學家丟根，古希臘、古羅馬、古印度和古阿拉伯的數學家解方程式，一樣會丟根。

歐幾里得是古希臘的數學權威，他在二千多年前就會用幾何方法求解 $x^2 + ax = b$ 這樣的一元二次方程式。他把方程式與幾何圖形結合，將係數a表示成線段長度，將常數項b表示成矩形面積，再借助畢氏定理推導出 x 的求根公式。求根公式有可能算出負根，歐幾里得卻不認可負數，如果算出負

根，更是毫不留情，手起刀落，見一個砍一個。

比如說 $x^2+2x=63$ 有兩個根，分別是 7、–9。歐幾里得用求根公式也能正確算出來，但他會丟掉 –9，只保留正根 7。所以，用現在的標準來評判，歐幾里得其實是個不及格的學生，因為他經常丟根。

西元九世紀，阿拉伯數學家花拉子米求解一元二次方程式 $x^2+10x=39$，用的也是幾何方法。他將 x 看成某正方形的邊長，在其四條邊上各畫一個寬為 $\frac{10}{4}$ 的小長方形。正方形面積是 x^2，加上四個小長方形面積 $\frac{10}{4}$，等於 39，這個 39 是一個新圖形的面積，新圖形再加上四個邊長為 $\frac{10}{4}x \times 4$ 的小正方形，得到一個大正方形。大正方形面積等於 $39+4\times(\frac{10}{4})^2=64$，所以大正方形的邊長是 8。大正方形的邊長又等於 x 加上 $\frac{10}{4}\times2$，所以 $x+\frac{10}{4}\times2=8$，所以 $x=3$。

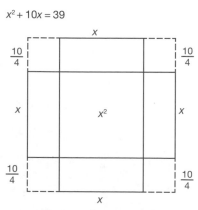

$x^2+10x=39$

▲花拉子米用幾何圖形解一元二次方程式

花拉子米使用幾何圖形，成功將一元二次方程式變成一元一次方程式，腦袋很聰明，方法很巧妙，但是他也丟了根。大家不妨用求根公式算一下，$x^2+10x=39$ 實際上有兩個根，一個

是 3，另一個是 −13，花拉子米把 −13 弄丟了。

　　哪怕是到十七世紀上半葉，解析幾何的創始人、法國數學家笛卡爾（René Descartes，西元一五九六年～一六五〇年）推導一元二次方程式 $x^2−bx−c=0$ 的通解，也只推導一個正根：

$$x_1 = \frac{b}{2} + \sqrt{\left(\frac{b}{2}\right)^2 + c}$$

其實 $x^2−bx−c=0$ 還存在一個負根：

$$x_2 = \frac{b}{2} - \sqrt{\left(\frac{b}{2}\right)^2 + c}$$

　　笛卡爾推導和計算過程中當然遇過負數，但他不認為負數有意義，把負數叫做「假數」。既然負數是假數，那麼負根就是假根，在他眼裡假根不是根，應該丟掉。

　　笛卡爾死於一六五〇年，他去世第五年，清朝皇帝康熙出生。康熙不算數學家，數學水準差笛卡爾十萬八千里，但在中國歷史上，康熙絕對是數學水準最高的皇帝。康熙在位時，授意傳教士和中國數學家共同編撰了一部相容並包、中西合璧的數學百科全書，名曰《御制數理精蘊》，簡稱《數理精蘊》。此書收錄許多一元三次方程式及其解法，試舉兩例。

例1，$x^3+13x^2+30x=27144$。

現代中學生解一元三次方程式，可以借用一元二次方程式因式分解的十字相乘法，如果不能分解，則套用求根公式。一元三次方程式求根公式又分兩種，一種是義大利數學家卡爾達諾（Girolamo Cardano，西元一五〇一年～一五七六年）推導並證明的卡爾達諾公式，一種是中國數學教師范盛金（西元一九五五年～）在一九八九年公布的盛金公式。我們套用卡爾達諾公式算出實數根26，還有實部為−19.5的一對共軛虛根（實部相等、虛部相反的一對虛數解）。

《數理精蘊》是怎麼解的呢？用了成熟於宋朝的獨特演

帶縱較數立方

帶縱立方者兩兩等邊長方體積也高與闊相等惟長不同者為帶一縱立方長與闊相等而皆比高多者則為帶兩縱相同之立方至於長與闊與高皆不等者則為帶兩縱不同之立方開之之法大槩與立方同祗有帶縱之異耳其帶一縱之法如以高與闊相等惟長不同為問者則以初商為高與闊以之自乘又以初商加縱數為長以之再乘得初商積至次商以後亦有三方廉三長廉一小隅但其一方廉附

欽定四庫全書　御製數理精蘊

於初商積之方面者即初商數其二方廉附於初商積之長面者則帶縱也其二長廉附於初商積之方邊者即初商數其一長廉附於初商積之長邊者則帶縱也其帶兩縱相同之法如以長與闊相等皆比高多為問者則以初商加縱數為長與闊以之自乘又以初商為高以之再乘得初商積至次商以後其一方廉附於初商積之正面者則帶兩縱其二方廉附於初商積之旁面者則各帶一縱也其一長廉附於初商積之高邊者即初商數其二長廉附於初商

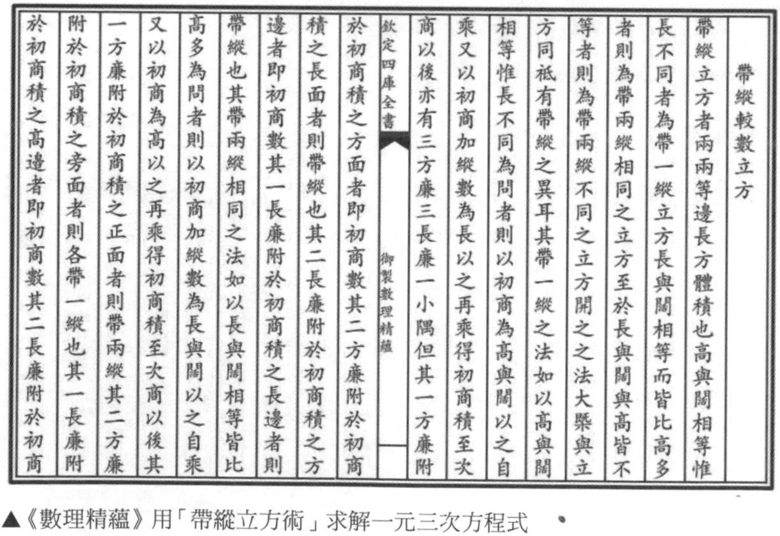

▲《數理精蘊》用「帶縱立方術」求解一元三次方程式

算法「帶縱立方術」（又寫成「帶從立方術」），先估根，再反覆運算，一步步推出實數解。

　　具體演算法是這樣的：先估27144的立方根為30；但所求不是$x^3=27144$的解，而是$x^3+13x^2+30x=27144$的解，故此將估根縮小成20；將20代入方程式左邊，$20^3+13\times20^2+30\times20$，得數是13800，與27144尚差13344；將原方程式降次，變成二次方程式$3x^2+13\times2x+30=0$，將估根20代入，$3\times20^2+13\times2\times20+30$，得數是1750；用13344除以1750，商大於7，取略小整數6，用20加6，得26；再將26代入原方程式，$26^3+13\times26^2+30\times26$，得數恰好是27144，說明26就是這個方程式的實數根。

　　算到這一步，以為求出$x^3+13x^2+30x=27144$的所有根，實際上還有兩個虛根被弄丟了。

　　例2是關於體積的應用題：「有大、小二正方體，邊數共十四尺，大方積比小方積多二百九十六尺，問二正方體之邊數、體積各幾何？」一大一小兩個正方體，邊長相加共十四尺，大正方體的體積比小正方體多出二百九十六立方尺，求兩個正方體各自的邊長和體積。

　　設小正方體邊長x，則大正方體邊長$14-x$，小正方體的體積是x^3，大正方體的體積是$(14-x)^3$。因為大正方體比小正方體的體積多二百九十六立方尺，所以有：$(14-x)^3-x^3=296$。化簡得到：$x^3-21x^2+294x=1224$。

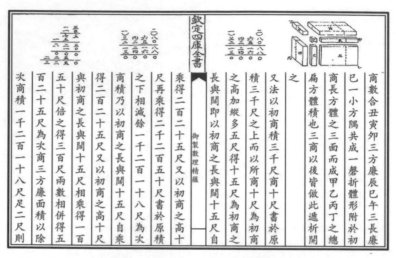

▲《數理精蘊》中關於體積的一元三次方程式應用題

　　《數理精蘊》仍用帶縱立方術，估根反覆運算，一步步推算出 $x=6$。小正方體邊長六尺，大正方體邊長（14−6）尺，即八尺，兩個正方體的體積分別是二百一十六立方尺、五百一十二立方尺。驗算一下，兩個正方體的體積相減，剛好是二百九十六尺，說明求解是正確的。

　　若用現在通行的一元三次方程式求根公式來解，除了實根 6 以外，還有一對共軛虛數根。純粹從解方程式的角度講，《數理精蘊》只給出 $x=6$ 這一個解，仍然是丟根。

　　解方程式丟根，並不丟人。我們要知道，每個國家的數學都是在實用基礎上發展起來的，中國數學更是典型的實用主義方法論。古人列方程式和解方程式，不是玩智力遊戲，

而是在解決實際問題，而大多數生活和生產問題都用不到虛數，甚至連負數都用不到。所以，負根可以丟，虛根更可以丟。不但可以丟，連考慮都不用考慮，除非要解決的問題逼著人們不得不考慮。

在特別追求數學實用性的古代中國，解方程式不求完美，只求有效，能得到一個符合要求的根就行了，無須再找更多符合要求的根。如果為算出一個準確無誤的根，要耗費太多腦細胞，那就退而求其次，只求這個方程式的近似解。坦白講，許多實際問題並不存在完美無誤的解，能找到近似解就行了。而在求近似解方面，古代中國數學家發明的各種估根反覆運算演算法非常有效，例如增乘開方術、正負開方術、帶縱立方術，能為所有一元二次方程式和一元三次方程式找到實數範圍內的準確解或近似解。包括四次、五次乃至更高次的方程式，也能用這些反覆運算演算法逐步推導，最終得到符合要求的近似解。從這個角度看，古代中國數學其實洋溢著濃濃的工程學味道。

明、清時代，中國數學追求實用的思想幾乎被日本數學界複製下來，估根加反覆運算的高次方程式解法也被日本數學家學會。德川幕府第四代將軍德川家綱在位時（西元一六五一年～一六八〇年），幕府財務總監關孝和將元朝數學教材《算學啟蒙》的方程式解法融會貫通，發揚光大，撰成《解隱題之法》。所謂「隱題」，即有隱藏數值的題，正是

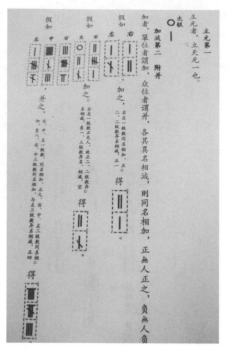

▲在江戶時代，方程式被稱為「隱題」，日本「算聖」關孝和擅長用反覆運算演算法求解高次方程式

方程式的別稱。關孝和擅長求解一元高次方程式，解法也是估根加反覆運算，源自中國演算法。

因為精通算學，關孝和聲名大振，就像武學第一的高手被譽為「武聖」一樣，他被譽為「算聖」。他在日本開宗立派，創立「關流學派」，麾下弟子多達數百，門規森嚴，有如古希臘的畢達哥拉斯學派。弟子們數學水準達到何種地步，要經過關孝和的測試和評級：達到第一層功力，評為「見題免許」；達到第二層，評為「引題免許」；達到第三層，評為「伏題免許」；達到第四層，評為「別傳免許」；達到第五層，評為「印可免許」。

弟子們只有評為「別傳免許」後，才能得到關孝和的祕笈真傳。而一旦得到真傳，就成為貴族們爭相聘用的搶手人

才，可以在築城、造船、徵稅、納貢、水利、測繪等領域大
顯身手，因為他們學到的數學知識，都有非常實用的意義。

學會三次方程式就能登臺打擂

東方數學側重實用，西方數學則走上既重實踐意義、又
重理論分析的另一條道路。

進入文藝復興時期，數學就像詩歌、繪畫、音樂欣賞一
樣，成為歐洲貴族和知識階層的必修科目，愈來愈多聰明人
投身於數學研究，並且樂此不疲，他們將證明當作智力遊
戲，將求解當作修身之道。有的貴族未必懂數學，但受到社
會風氣影響，會拿出錢資助數學研究，還會舉辦擂臺賽，讓
數學家和數學愛好者在規定時間內求解規定的題，勝出者既
能拿到豐厚獎金，又有機會得到政府機構的聘書，或者某個
大學的教職。

下面要講的故事，發生在十六世紀的義大利。眾所周
知，文藝復興起源於此。

約一五一五年前後，義大利有一個數學教師希皮奧內·
德爾·費羅（Scipione del Ferro，西元一四六五年～
一五二六年），靠著一己之力，研究出 $x^3+cx=d$ 這類方程式的
求根公式。這可是一項了不起的成就，因為數學誕生後的幾
千年裡，人們只找到一元二次方程式的求根公式，一提到三

次方程式就完蛋。歐幾里得和花拉子米等數學權威能解三次方程式，但只能借助幾何圖形，解決特定類型的三次方程式。中國數學家能解所有類型的三次方程式，但容易丟根，求得的解往往是近似解。費羅老師能找到 $x^3+cx=d$ 的求根公式，雖說少了二次項 bx^2，不能代表所有的三次方程式，但至少讓將近一半的三次方程式迎刃而解。

放到今天，一個數學教師有此卓越成就，必定在頂級期刊發表論文，光環和地位從天而降，職位晉升，薪水也會大漲。然而在十六世紀的義大利，學術地位不靠論文奠定，得去比武打擂。兩個高手PK，誰在規定時間內解出的難題多，誰就能得到夢想的職位和地位。所以，費羅選擇祕而不宣，拒絕公開求根公式，用祕密武器橫掃大批三次方程式，每次都能在解方程式擂臺賽中碾壓對手。

直到臨終，費羅才像一代宗師傳授衣鉢，將求根公式珍而重之地傳給自己最喜愛的一個學生。那位學生得到衣鉢竟不思進取，躺在老師的功勞簿上吃老本，揣著求根公式到處打擂臺，將近十年罕逢敵手。直到一五三五年，在一場解方程式擂臺賽上，這個學生慘遭秒殺，敗給一個名叫尼科洛‧塔爾塔利亞（Niccolò Tartaglia，西元一四九九年～一五五七年）的挑戰者。

「塔爾塔利亞」本非名字，而是綽號，意思是「口吃」。這位挑戰者幼年喪父，緊接著又經歷戰爭，不幸被入侵的法

國士兵砍傷，留下後遺症，嚴重口吃，終身未癒，所以被稱為「塔爾塔利亞」。因為口吃，所以自卑，塔爾塔利亞極少參加社交活動，將全部精力都花在數學研究上，功力大增。塔爾塔利亞也在研究三次方程式的解法，他另闢蹊徑，研究出 $x^3+bx^2=d$ 這類方程式的求根公式。費羅的求根公式適用於缺少二次項

▲郵票上塔爾塔利亞的畫像

的三次方程式，塔爾塔利亞的求根公式則適用於缺少一次項的三次方程式。不僅如此，塔爾塔利亞還用倒推法分析費羅當年解過的方程式，猜出了費羅的解法，所以他既能解 $x^3+bx^2=d$，還能解 $x^3+cx=d$。

　　一五三五年二月二十二日，決鬥開始。決鬥雙方：一方是塔爾塔利亞，一方是費羅的學生。決鬥方式：文鬥。武俠小說裡的文鬥是你打我三掌，我再打你三掌，看誰撐不住。塔爾塔利亞和費羅學生的文鬥是互相出題給對方，你寫三十道方程式，我來解，我寫三十道方程式，你來解。決鬥結果：30：0——塔爾塔利亞在兩小時內就解出了費羅學生出的三十道方程式。而費羅學生面對塔爾塔利亞出的三十道方程式，束手無策，冷汗直流，一道都沒解出來。

　　獲勝的塔爾塔利亞聲名遠揚，但他沒有驕傲，繼續研究

三次方程式的解法，試圖為所有類型的三次方程式找到通
解。與此同時，就像當年的費羅一樣，他對自己的研究成果
嚴格保密，不向任何人透露。

　　義大利還有一位數學研究者卡爾達諾，此人博學多才，
興趣廣泛，既是占星術士，又是醫學博士，對塔爾塔利亞的
三次方程式解法產生極大興趣。卡爾達諾多次寫信給塔爾塔
利亞，請教如何解三次方程式，塔爾塔利亞當然不願透露。
一五三九年，不死心的卡爾達諾登門拜訪，用三寸不爛之舌
展開攻勢，拍著胸脯向塔爾塔利亞保證，只要願意傳授解
法，他一定守口如瓶，不傳給第三個人，同時還會向上層貴
族舉薦塔爾塔利亞，讓手握大權的人知道塔爾塔利亞不僅擅
長解方程式，還能用巧妙的公式計算彈道，從而讓塔爾塔利亞受到更多重用。

　　塔爾塔利亞被卡爾達諾的如簧之舌打動了，三次方程式解法被卡爾達諾學會。卡爾達諾卻沒有信守承諾，不但沒有舉薦塔爾塔利亞，更離譜的是幾年以後，他竟然出了一本書，在書裡公布塔爾塔利亞的解法。塔爾塔

▲卡爾達諾是法官和寡婦的私生
子，生前撰寫並於死後出版的《機
遇賽局之書》（*Liber de Ludo Aleae*）
是世界上第一部機率論著作

利亞勃然大怒，但為時已晚，世人已經將三次方程式求根公式發明者的桂冠掛在卡爾達諾身上。現在國中數學教科書上一元三次方程式的求根公式之所以叫「卡爾達諾公式」，而不叫「塔爾塔利亞公式」，正是因為卡爾達諾剽竊並公布這一成果。

不過，說卡爾達諾是剽竊者並不完全客觀，因為他也有自己的成果。在塔爾塔利亞的基礎上，卡爾達諾繼續推進，將解法拓展到更多類型的三次方程式上。他還發揮聰明才智，替三次方程式求根公式提供嚴謹的證明，而在此之前，無論是費羅的求根公式，還是塔爾塔利亞的求根公式，都只有公式而沒有證明。眾所周知，未經證明的公式只能叫做公設或猜想，在工程學上也許能拿來應用，但卻不能成為數學大廈的基石。

證明求根公式的過程中，卡爾達諾培養出一位天才助手費拉里（Ferrari Lodovico，西元一五二二年～一五六五年）。費拉里以三次方程式求根公式為基礎，又研究出四次方程式的求根公式。因為卡爾達諾出爾反爾，塔爾塔利亞憤怒地寫信駁斥，費拉里常常代替卡爾達諾迎戰，在回信中駁倒塔爾塔利亞的問題。一五四八年十月，一場擂臺賽開始舉行，費拉里獨力迎戰塔爾塔利亞。這次決鬥以公開辯論的方式進行，雙方先探討三次方程式的解法，塔爾塔利亞在解答速度上領先一步；但一說到四次方程式，費拉里就占了上風。沒

▲卡爾達諾的助手費拉里

等到決鬥結束，塔爾塔利亞就在憤怒和沮喪中提前退場。十幾年前，這位曾經以30：0戰績輕鬆獲勝的數學高手，敗給了卡爾達諾的年輕助手。

獲勝的費拉里名利雙收，先後獲得稅務監督和大學教授的職位。塔爾塔利亞呢？名氣一落千丈，還失去在大學的教席。

塔爾塔利亞為什麼會敗給一個名不見經傳的年輕小助手呢？應該有三個原因：第一，他始終在三次方程式裡打轉，沒有鑽研四次方程式的通解，也可能鑽研不出來；第二，他唯恐被別人偷學，不敢開展合作研究，不願進行學術交流，就像一個故步自封的老拳師，既不收徒弟，也不學新招，一直關著門練習老套路，功夫進境太慢；第三，和他的身體缺陷也有關——一五四八年十月那場擂臺賽實際上是辯論賽，前面說過，塔爾塔利亞有嚴重口吃啊！

↘ 黃蓉出了三道題

我們讓塔爾塔利亞一邊涼快去，回過頭繼續說黃蓉。

　　黃蓉幫助瑛姑解出幾道多元方程式，又講了高次方程式，瑛姑非但不感激，還對黃蓉身上的重傷大加奚落。結果呢？黃蓉惱了，臨走給瑛姑撂下三道難題。

　　第一道是包括日、月、水、火、木、金、土、羅、計都的「七曜九執天竺筆算」；第二道是「立方招兵支銀給米題」；第三道是道「鬼谷算題」：「今有物不知其數，三三數之剩二，五五數之剩三，七七數之剩二，問物幾何？」

　　其實，第一道並非具體的數學題，而是古印度人推算曆法和占卜星象的一套學問，一半數學摻一半巫術。第二道簡稱「立方招兵題」，出自《四元玉鑒》，原題為：「今有官司依立方招兵，初招方面三尺，次招方面轉多一尺……已招二萬三千四百人……問招來幾日？」

▲《四元玉鑒》中〈立方招兵題〉及其解法

　　翻成白話是說官方招募士兵，第一天招到人數是3的立方，第二天招到4的立方，第三天招到5的立方，第四天招到6的立方，以此類推，第n天招到（n–2）的立方。現已招到二萬三千四百人，請問截止目前為止，招兵已持續多少天？

　　黃蓉出給瑛姑的題目，確確實實是一道難題，不僅要用到方程式，更要用等差數列，並且涉及到高階等差數列。

　　等差數列通常是高中數學的教學內容，不過國、小學生在試卷上想必也見到過。例如1，3，5，7，9……或2，4，6，8，10……或5，8，11，14，17……試卷上出現這些數，讓我們尋找其中的規律，並判斷第n項的數字應該是多少。形如這樣有規律的一列數，後面每一項和相鄰前一項的差都是一個常數，這就是等差數列。

　　《四元玉鑑》這道招兵題，從第一天到第n天，每天招兵人數依次是3^3、4^3、5^3、6^3、7^3……也就是27、64、125、216、343……後項減前項，差愈來愈大，並不是一個固定不變的常數。將原始數列所有相鄰項的差寫出來，能形成一個新的數列；再把新數列所有相鄰項的差寫出來，又是一個新的數列；再把新數列相鄰項的差寫出來，此時所有差都成為常數6。換句話說，新數列是一個等差數列。既然相鄰項差組成的新數列是等差數列，原始數列就屬於高階等差數列。

　　高階等差數列求和，需要推導和總結求和公式，但我們

沒必要這麼麻煩，直接推算就行了。設招兵持續 x 天，根據題意，這樣一個奇怪方程式：

$$3^3 + 4^3 + 5^3 + 6^3 + 7^3 + \cdots\cdots + (x+2)^3 = 23400$$

解這個方程式可以一步步試算，也能以程式設計求解：

```
x=0        # 將招兵天數 x 歸零
s=s_temp=0  # 將累計招兵人數歸零
flag=False
while flag==False:        # 設置迴圈運行條件
        x=x+1              # 招兵天數每增加 1 天
        s=s_temp+(x+2)**3   # 累計招兵人數就增加
                                (x+2)³
        s_temp=s
        if s==23400:    # 如果累計招兵人數達到 23400
                            人
                print(" 招兵已持續 ",x," 天 ")
                            # 則輸出招兵天數 x 的值
        flag=True    # 設置迴圈終止條件
```

以上代碼用 python 編寫，只有十行，執行時間不到〇·一秒，程式報出結果：「招兵已持續十五天。」

古人不可能用電腦幫忙，要分析數列，要寫通項公式，要進行級數求和，還要把級數公式轉化為方程式，求解之難，難比上青天。

首先，算出前幾天的招兵人數（從 3 的立方到 n 的立

方），再一輪又一輪地計算相鄰各項差，依次形成數列1、數列2、數列3。數列3是等差數列，所以原始數列是一個四階等差數列。

數列3是一階等差數列，古稱「茭草垛」；數列2是二階等差數列，古稱「三角垛」；數列3是三階等差數列，古稱「撒星垛」；找到每種等差數列的通項公式，計算級數和，古稱「垛積術」。

設招兵天數為x，分別代入三個不同的垛積公式，讓公式相乘，簡化公式，然後讓招兵總人數等於23400，得到一個高次方程式。最後用開方術解此方程式，得到方程解，也就是招兵天數。

《射鵰英雄傳》的瑛姑內功怪異，輕功出眾，招式陰狠，數學水準卻只能算作未入流。黃蓉與她相見時，她正苦苦計算55225的開方，算了好久都沒算出來。黃蓉講「算經中共有一十九元」的高次方程式，她的反應是：「沮喪失色，身子搖了幾搖，突然一跤跌在細沙之中，雙手捧頭，苦苦思索。」可見瑛姑既不精通開方運算，也不了解高次方程式。黃蓉出的這道立方招兵題，恰恰要用到開方術和高次方程式，所以瑛姑十有八九不會解，算到頭髮全白也未必有答案。

黃蓉第三道題是所謂的「鬼谷算題」，又叫「物不知數」。這道題簡單得多，甭說瑛姑，受過奧林匹克數學競賽訓練的學生都會做，說不定有很多讀者已經做過了。

　　我們看看這道題：某樣東西，數量未知。除以3，餘2；除以5，餘3；除以7，餘2。問：總共有多少個？

　　解這道題，用不著列方程式。先找除以3餘2，並能被5和7整除的數，這樣的數最小是35；再找除以5餘3，並能被3和7整除的數，這樣的數最小是63；再找除以7餘2，並能被3和5整除的數，這樣的數最小是30。把三個符合要求的數加起來，35+63+30=128，說明該物的數量是128。

　　128並不是這道題的唯一答案，我們再算3、5、7的最小公倍數，得到105，拿128減去或加上105的倍數，將得到這道題的一組解：23、128、233、338、443、548、653、758、863、968、1073、1178……

　　很顯然，這是一個等差數列，寫出它的通項公式：

$$a_n = 128 + 105 \times (n-2)$$

　　根據通項公式，能算出「物不知數」問題的所有解。將n=1、2、3、4、5、6……代入，想算多久就算多久，反正這道題的解無窮無盡。

　　如果用程式設計方法解這道題，那更簡便，寫幾行代碼就可以了：

```
i = 0                 # 將解的個數歸零
for n in range(1,10000001):            # 設定求解範圍
        if n % 3 == 2 and n % 5 == 3 and n % 7 == 2:
# 如果滿足三次求餘運算的要求
                x = n               # 找到符合要求的解
                i = i + 1  # 將解的個數加 1
                print(x,end="；") # 不換行，輸出千萬以內的全部
解
print(i)              # 輸出千萬以內解的個數
```

運行程式，能輸出一千以下所有符合要求的解，總共有
九萬五千二百三十八個。

現在不用電腦，也不用奧林匹亞數學思維，改列方程
式，同樣可以求解。怎麼列方程式？關鍵在設未知數。不是
要把除以3餘2、除以5餘3、除以7餘2的所有數字找出來
嗎？設這些數字為N，N除以3的商是x，N除以5的商是y，
N除以7的商是z，列出三個方程式：

① $3x+2=N$

② $5y+3=N$

③ $7z+2=N$

其中x、y、z和N都是正整數。三個方程式全是一元一
次方程式，看上去並不難解。但是，三個方程式卻包含四個
未知數。逐步消元，求出某個未知數，再代入回去，求出其
他未知數，這套傳統招術根本使不上，因為未知數的個數超
過了方程式的個數，無論怎麼消元，都不可能消到只剩一個

未知數。

　　未知數的個數竟然超過方程式個數，所有這類方程式都是不定方程式。不定方程式的解法很獨特，堪稱一門奇功，我們下文再說。

↘ 郭靖走了多少步？

　　為了更具體地介紹不定方程式的解法，我們先把郭靖請出來。郭靖背著身受重傷的黃蓉，慌不擇路，瞎打誤撞，闖進瑛姑隱居地。天色已晚，南北不辨，腳下也非坦途，不是爛泥，就是荒草，郭靖迷路了，全靠黃蓉指點。

　　黃蓉想了片刻，道：「這屋子是建在一個汙泥湖沼之中。你瞧瞧清楚，那兩間茅屋是否一方一圓。」郭靖睜大眼睛望了一會，喜道：「是啊！蓉兒妳什麼都知道。」黃蓉道：「走到圓屋之後，對著燈火直行三步，向左斜行四步，再直行三步，向右斜行四步。如此直斜交叉行走，不可弄錯。」郭靖依言而行。落腳之處果然打有一根根的木樁。只是有些虛晃搖動，或歪或斜，若非他輕功了得，只走得數步便已摔入了泥沼。他凝神提氣，直三斜四的走去，走到一百一十九步，已繞到了方屋之前。

▲郭靖直斜交叉走向茅屋

　　兩間茅屋一方一圓，正是瑛姑的住所，郭靖既要抵達茅屋，又要避開機關，必須直斜交叉行走：先直行三步，再左斜四步，再直行三步，再右斜四步……原文說郭靖總共走了一百一十九步，才走到茅屋前面。試問他在此期間直行多少步？左斜多少步？右斜多少步？

　　設郭靖直行x次，左斜y次，右斜z次。我們知道，每次直行均為三步，每次左斜或右斜均為四步；每次直行後緊接著必是左斜或右斜，每次左斜或右斜後又必是直行。換言之，抵達茅屋前，郭靖直行、左斜和右斜的次數總是相等。進一步說，抵達茅屋時，直行次數、左斜次數和右斜次數一定非常接近。根據題意，可列方程式：

$$3x+4y+4z=119$$

　　一個方程式，三個未知數，標準的不定方程式，可能有

無窮多組解。但在這道題裡，x、y、z 必須是正整數，兩兩之間的差又必須非常小，取值範圍一下子縮小許多。

先讓119除以 x 的係數3，商取整數，得39，說明 x 的取值不可能超過39；再讓119除以 y 和 z 的係數4，商取整數，得29，說明 y 和 z 的取值不可能超過29。

給 x 一組可能的值：1、2、3、4……39。由於 x、y、z 的差很小，所以 y 和 z 的取值必須與 x 保持同步，當 x 取1時，y、z 只能取1、2或3，當 x 取10時，y、z 只能取8、9、10或11、12。將這些值依次代入方程式，只有兩組取值既能讓方程式成立，又比較符合限制條件。這兩組值分別是：

①$x=9$，$y=11$，$z=12$

②$x=9$，$y=12$，$z=11$

也就是說，通往瑛姑茅屋的路上，郭靖可能直行九次（每次三步，共二十七步），左斜十一次（每次四步，共四十四步），右斜十二次（每次四步，共四十八步）；也可能直行九次（每次三步，共二十七步），左斜十二次（每次四步，共四十八步），右斜十一次（每次四步，共四十四步）。

如此求解，方法最笨，必須非常機械地一個一個去試，計算量超級大。既然計算量大，就應該交給電腦，仍然是幾行代碼搞定：

```
x=y=z=0   # 將直行次數 x、左斜次數 y、右斜次數 z 歸零
for x in range(1,40):   #x 取值 1 到 39
        for y in range(1,30):   #y 取值 1 到 29
                for z in range(1,30):   #z 取值 1 到 29
                        if 3*x+4*y+4*z==119:   # 如果一組 x、y、z
能讓方程成立
                                # 並且滿足限制條件
                                if abs(x-y)<=3 and abs(x-z)<=3 and
abs(y-z)<=3:
                                        print(x,y,z)   # 輸出 x、y、z 的值
                                        # 輸出直行與斜行步數
                                        print(" 郭靖直行 ",3*x," 步；左斜
",4*y," 步；右斜 ",4*z," 步 ")
```

程式運行結果：

```
9 11 12
郭靖直行 27 步；左斜 44 步；右斜 48 步
9 12 11
郭靖直行 27 步；左斜 48 步；右斜 44 步
```

仔細觀察這兩組解，仍有不嚴謹的地方。金庸先生原文寫得清楚：「直行三步，向左斜行四步，再直行三步，向右斜行四步……」直行與斜行相伴相隨，直行次數、左斜次數與右斜次數要嘛完全相等，要嘛相差一次，不太可能像求得的結果，直行九次，斜行十一次到十二次，相差多達二次到三次。

答案之所以不嚴謹，倒不是因為解法錯誤，而是因為金

庸先生隨手替郭靖安排了總步數：「直三斜四的走去，走到一百一十九步，已繞到了方屋之前。」構思這段情節之前，如果精心計算的話，金庸應該讓郭靖走九十九步，或者一百一十步，或者一百二十一步。走九十九步的話，直行、左斜、右斜各九次；走一百一十步的話，直行、左斜、右斜各十次；走一百二十一步的話，直行、左斜、右斜各十一次。我的意思是說，只要把總步數換成一個合理數字，就能算出一組既嚴謹又規整的答案。

↘ 洪七公與百雞問題

用不定方程式分析郭靖走路，這是根據武俠情節杜撰的題，除了《誰說不能從武俠學數學？》，古今中外任何一本數學書裡都見不到，它不嚴謹，有情可原。

以下這道題就嚴謹多了。

今有雞翁一，值錢五；雞母一，值錢三；雞雛三，

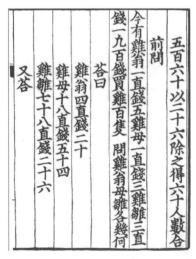

▲百錢百雞問題最早出自於《張丘建算經》

值錢一。凡百錢買雞百隻，問雞翁、母、雛各幾何？

　　已知每隻公雞售價五錢，母雞售價三錢，每三隻小雞售價一錢。現在拿出一百錢，要買一百隻雞，請問公雞、母雞、小雞各買多少隻？此題叫做「百錢百雞」，出自西元五世紀的中國數學文獻《張丘建算經》，堪稱全世界最著名的不定方程式例題。

　　設一百錢買到的一百隻雞裡有公雞x隻，母雞y隻，小雞z隻，列出方程式：

$$\begin{cases} ①\ x + y + z = 100 \\ ②\ 5x + 3y + \dfrac{z}{3} = 100 \end{cases}$$

　　兩個方程式，三個未知數，標準的不定方程式。怎麼解？可以先消元。②×3-①，將z消去：

$$14x + 8y = 200$$

　　化簡方程式：$7x+4y=100$。

　　100是x係數4的二十五倍，是y係數7的十四倍多一點，x和y都是正整數，所以x取值必然小於14，y取值必然小於25。

進一步化簡方程式：$y = 25 - \dfrac{7}{4}x$。

y是正整數，所以$\dfrac{7}{4}x$必然是小於25的正整數，所以x必然是4的倍數。

前面說過，x的取值小於14，又是4的倍數，則y只能是4、8、12。將x值代入$y = 25 - \dfrac{7}{4}x$，得到y的值：18、11、4。再將x和y的值代入，得到z的值：78、81、84。

答：百錢買百雞，其中公雞四隻，母雞十八隻，小雞七十八隻；或者公雞八隻，母雞十一隻，小雞八十一隻；又或者公雞十二隻，母雞四隻，小雞八十四隻。

在中、小學階段，百雞問題是非常經典的奧林匹克數學題，出過許多變形，也有許多解法。剛才介紹的解法，主要利用整除的特性。還有一些解法，要用到餘數的特性，甚至還有用奇數和偶數的末位特性（奇數的個位一定是奇數，偶數的個位一定是偶數）來求解。不管用哪種解法，歸根結柢都要縮小未知數的取值範圍，從看似無窮無盡的取值中找到合理的取值，將看似不可解的方程式變成可以求解的方程式。

當電腦在手時，用程式設計演算法之「窮舉法」進行暴力破解，可以更狠、更快、更準地解決百雞問題。還是這道題，資料不變，編寫代碼如下：

```
for x in range(1,100):    # 假定公雞數目從 1 到 99
        for y in range(1,100):    # 假定母雞數目從 1 到 99
                for z in range(1,100):    # 假定小雞數目從 1 到 99
                        a=x+y+z    # 將雞的總數加起來
                        b=5*x+3*y+z/3    # 將雞的錢數加起來
                        if a==100 and b==100:    # 如果剛好百錢買百
隻
                                # 輸出各組解
                                print(" 公雞有 "+ str(x) +" 隻；母雞有
"+str(y)+" 隻；小雞有 "+str(z)+" 隻 ")
```

運行程式，答案現前：

```
公雞有 4 隻；母雞有 18 隻；小雞有 78 隻
公雞有 8 隻；母雞有 11 隻；小雞有 81 隻
公雞有 12 隻；母雞有 4 隻；小雞有 84 隻
```

繼《張丘建算經》後，南北朝數學家甄鸞提出兩道百雞問題，題意相似，解法相同，僅資料有變動。其中一道是：「今有雞翁一隻值五文，雞母一隻值四文，雞兒一文得四隻。今有錢一百文，買雞大小一百隻，問各幾何？」公雞每隻五文，母雞每隻四文，小雞每文錢買四隻，如今百錢買百隻，求各雞數量。設公雞 x 隻，母雞 y 隻，小雞 z 隻，列方程式：

$$\begin{cases} ① \; x + y + z = 100 \\ ② \; 5x + 4y + \dfrac{z}{4} = 100 \end{cases}$$

消元並化簡，得：

$$y = 20 - \frac{19}{15}x$$

沿用前面的解題思路，先替 x、y 設定取值範圍，再令 x 是 15 的倍數，發現 x 只能取值 15。由 x 推算 y，再由 x、y 推算 z，得到這道題唯一的一組答案：$x=15$，$y=1$，$z=84$。即公雞十五隻，母雞一隻，小雞八十四隻。

甄鸞提出的另一道題是：「今有雞翁一隻值四文，雞母一隻值三文，雞兒三隻值一文。有錢一百文，買雞大小一百隻，問各幾何？」列出方程式，消元化簡，同樣的解題方法，可得兩組解：$x=8$，$y=14$，$z=78$ 或 $x=16$，$y=3$，$z=81$。當公雞有八隻時，母雞十四隻，小雞七十八隻；當公雞有十六隻時，母雞三隻，小雞八十一隻。

金庸先生筆下有一位洪七公洪老幫主，武功奇高，嘴巴奇饞，超愛吃雞。《射雕英雄傳》第十二回，黃蓉在江邊村裡偷了一隻雞，宰殺乾淨，用泥糊嚴，生火烤熟，雞肉白嫩，濃香撲鼻，正是這股濃香引來洪老叫化。黃蓉與郭靖好客，將剛烤好的雞讓給洪七公，自己一口沒嘗。老叫化大喜，「風捲殘雲吃得乾乾淨淨，一面吃，一面不住讚美」。此後洪七公傳授郭靖降龍十八掌，一半是因為郭靖忠厚老實，一半也是因為吃了二人的雞，不傳幾手功夫說不過去。

　　洪七公將降龍十八掌中的十五掌傳給郭靖，總共花了一個多月。黃蓉每天變著花樣替洪七公燒菜，假定每天要用兩、三隻雞，公雞、母雞和小雞均有，則月餘共需百隻左右。查宋朝雞價，百錢買百隻已不可能，千文買百隻還差不多。我們替公雞、母雞、小雞分別定價，可以設計一道以洪七公為主角的百雞問題：

　　「丐洪七公，丐幫之長，精於技擊而貪餘口腹，尤嗜雞也，日食數雞而不厭。某年月日，七公醉眠江畔，聞雞司晨，流涎滿地，急命女弟子名黃蓉者，掌中饋，主庖廚，攜青蚨千文，赴草市購雞百隻。今知雄雞一隻五十文，雌雞一隻三十文，雛雞一隻六文，則百雞之中，雄雞、雌雞、雛雞各幾何？」

　　公雞每隻五十文，母雞每隻三十文，小雞每隻六文。黃蓉拿一千文錢，買一百隻雞，其中公雞、母雞與小雞各買多少隻呢？

　　設公雞x隻，母雞y隻，小雞z隻，列出不定方程式：

$$\begin{cases} ①\ x + y + z = 100 \\ ②\ 50x + 30y + 6z = 1000 \end{cases}$$

　　還是老套路，先消元，再化簡，得：$11x + 6y = 100$。
因為x和y都是正整數，所以x必然小於9，y必然小於

16。進一步化簡方程式：

$$x = \frac{100 - 6y}{11}$$

（100-6y）必是11的倍數，y的取值範圍又不能超過16，所以y只能是13或2。y是13時，x是2；y是2時，x是8。將x、y代入 x + y + z = 100，得到z的值。共有兩組解：

①x = 2，y = 13，z = 85
②x = 8，y = 2，z = 90

答：黃蓉千文買百雞，其中公雞二隻，母雞十三隻，小雞八十五隻；或公雞八隻，母雞二隻，小雞九十隻。

也就是說，黃蓉非要拿一千文錢買一百隻雞的話，買到的雞必有一大半是小雞。幾大菜系裡，用雛雞做主料的不多，魯菜的「烤雛雞」和「油烹雛雞」相對有名一些。但是，黃蓉天天給替七公燒烤油炸，七公會有上火的風險。

↘ 俠客島上無日曆

在宋朝和明朝，百雞問題又冒出許多變題。例如將買雞變成買水果：「出錢一百買溫柑、綠橘、扁橘共一百，只云

溫柑一枚七文，綠橘一枚三文，扁橘三枚一文，問各買幾何？」（南宋楊輝《續古摘奇演算法》）

　　或者將買雞變成買酒：「醇酒每斗七貫，行酒每斗三貫，醨酒三斗值一貫，今支一十貫，買酒十斗，問各買幾何？」（同上）

　　或者將買雞變成買金屬：「今有銀五十五兩五錢，共買銅、錫、鐵八萬三千零五十兩。只云銀價相仿，每銀一錢買銅一百三十兩，每銀一錢買錫一百五十兩，每銀一錢買鐵一百七十兩。問三色各若干？」（明代程大位《算法統宗》）

　　或者將買雞變成買布：「今有綾、羅、紗、絹一百六十尺，共價九十三兩。綾每尺價九錢，羅每尺價七錢，紗每尺價五錢，絹每尺價三錢。問四色各若干？」（同上）

　　或者將買雞變成買香料：「椒一斤價四錢，丁香一斤價三錢，桂皮一斤價六錢，阿魏一斤價一兩，縮砂一斤價八錢。今以銀七錢買上五色共一斤，則每色該得若干？」（明朝李之藻《同文算指》）

　　放眼世界，在英國數學家阿爾昆（Alcuin，西元七三〇年～八〇四年）、印度數學家摩訶毘羅（Mahavira，生卒年未知，九世紀在世）、埃及數學家阿布‧卡米勒（Abu Kamil，大約與摩訶毘羅同一時代）、義大利數學家斐波那契的著作中，也出現了百雞問題或變題。

　　一二〇二年，斐波那契撰寫《計算之書》，設計一道類

似「百錢買百雞」的「三十錢買三十鳥」問題：「某人買三十隻山鶉、鴿子和麻雀，共花三十第納爾。現在知道每隻山鶉值三第納爾，每隻鴿子值二第納爾，兩隻麻雀值一第納爾，即每隻麻雀值〇・五第納爾。請問每種鳥各能買幾隻？」

斐波那契沒有列不定方程式，他用一種很古怪的解法：先考慮兩種組合，四隻麻雀、一隻山鶉，組合為五隻鳥、五第納爾；二隻麻雀、一隻鴿子，組合為三隻鳥、三第納爾。分析兩種組合分別取多少次能得三十隻鳥。斐波那契算出唯一符合要求的一組解：第一種組合取三次，第二種組合取五次，即買麻雀二十二隻、鴿子五隻、山鶉三隻。

事實上，無論是斐波那契的解法，還是前面反覆使用的解法（化簡方程式，分析除數、餘數與倍數，設定取值範圍，先搞定一個未知數，再搞定其他未知數），都屬於具體問題具體分析的特殊解法，而不是放之四海而皆準、遇見問題就通殺的一般解法。

有沒有一般解法呢？當然有。到了大學期間，數學專業的學生會學到初等數論這門課程，會學到一次同餘聯立方程式（相當於多元一次不定方程式）的通用解法。學了通用解法後，不但能破解類似「物不知數」和「百雞問題」的所有題型，而且能迅速判斷任意一組不定方程式有沒有解、有幾個解，就像國中階段學到的一元二次方程式求根公式和判別式一樣。

　　中國古人研究過不定方程式的通解，並且成功了。在這方面水準最高的古人應該是宋朝的秦九韶，他發明一套「大衍術」，包括「大衍求一術」和「大衍總數術」，用這套演算法求解不定方程式，還用來占卜卦象和推算曆法。

　　大衍術的「衍」與「演」相通，大衍是指大量演算。古人占卜卦象，推算曆法，計算量都很大，步驟繁瑣（占卦計算詳見第二章的「段譽算卦」）。尤其是曆法推演，計算量之大，計算難度之高，遠遠超過占卦。

　　中國傳統曆法俗稱「農曆」或「陰曆」，也有閏年、閏月、大月、小月，卻不像現在通行的西曆有規律。西曆四年一閏，百年不閏，四百年再閏，連小學生都能算出哪年是閏年，哪年是平年。西曆閏月必在閏年，閏月必是二月，閏年二月必定比平年二月多一天。西曆大月必是一、三、五、七、八、十、臘月等，除去二月，剩下都是小月。傳統曆法麻煩之極，首先大小月不固定，其次閏年不固定，閏年當中哪月是閏月也不固定。普通人想知道哪一年是閏年，只能查

▲秦九韶用大衍術推演曆法

黃曆，如果黃曆上沒寫，僅憑個人能力是算不出來的，除非受過天文與曆法的專業訓練。

　　黃曆是人寫的，是曆算學家推演的結果。曆算學家推演閏年和閏月，必須做大量的求餘運算，解大量的不定方程式。有了秦九韶的大衍術，求餘運算被簡化成簡單機械的步驟，不定方程式也在通解面前灰飛煙滅，曆法推演的難度下降了一個數量級。

　　金庸武俠小說《俠客行》尾聲，有一段關於曆法的情節。石破天離開俠客島，乘船駛向大陸，即將靠岸時，突然想起和未婚妻阿繡的約定 —— 倘若兩人不能在三月初八之前相聚，阿繡就跳海自盡。

　　石破天問道：「丁四爺爺，你記不記得，咱們到俠客島來，已有幾天了？」丁不四道：「一百天也好，兩百天也好，誰記得了？」

　　石破天大急，幾乎要流出眼淚來，向高三娘子道：「咱們是臘月初八到的，此刻是三月裡了吧？」高三娘子屈指計算，道：「咱們在島上過了一百一十五日，今天不是四月初五，便是四月初六。」

　　石破天和白自在齊聲驚呼：「是四月？」高三娘子道：「自然是四月了！」

　　白自在捶胸大叫：「苦也，苦也！」

丁不四哈哈大笑，道：「甜也，甜也！」

石破天怒道：「丁四爺爺，婆婆說過，倘若三月初八不見白爺爺回去，她便投海而死，你……你又有什麼好笑？阿繡……阿繡也說要投海……」丁不四一呆，道：「她說在三月初八投海？今……今日已是四月……」石破天哭道：「是啊，那……那怎麼辦？」

丁不四怒道：「小翠在三月初八投海，此刻已死了二十幾天啦，還有什麼法子？她脾氣多硬，說過是三月初八跳海，初七不行，初九也不行，三月初八便是三月初八！白自在，他媽的你這老畜生，你……你為什麼不早早回去？你這狗養的老賊！」

石破天與白自在等人在俠客島鑽研武功，流連忘返，竟將時間忘個乾淨，等到想起約定，已經晚了。石破天不記得日期，白自在也不記得日期，船上諸人當中，唯獨高三娘子是女性，心思相對細膩，記得是臘月初八上的島，在島上總共待了一百一十五天。但高三娘子並不會推算曆法，不知道臘月初八後第一百一十五天究竟是什麼日期。

若是西曆，十二月有三十一天，此後一月和三月也是三十一天，二月的天數要看是否閏年，閏年二十九天，平年二十八天。從十二月八日開始算，若逢閏年，再過一百一十五天應是四月一日；若逢平年，再過一百一十五天

應是三月三十一日。

　　但武俠世界只有農曆，農曆大月三十天，小月只有二十九天，至於某一年的某個月是大月還是小月，必須查黃曆才知道。從臘月初八算起，如果臘月是大月，此後的一月、二月、三月也是大月，則每月均為三十天，一百一十五天之後是四月初三；如果臘月是小月，此後各月也是小月，則每月均為二十九天，一百一十五天之後是四月初六。農曆極少出現連續幾月均為大月或均為小月的特例，所以一百一十五天後是四月初四或初五的可能性比較大。高三娘子屈指算出結果：「咱們在島上過了一百一十五日，今天不是四月初五，便是四月初六。」這個推算基本可靠。

　　一聽到已是四月，石破天與白自在禁不住捶胸痛哭。在他們心目中，石破天的未婚妻阿繡，還有白自在的老伴史婆婆，必然在三月初八就跳海自盡了。不過，奇蹟竟然出現，阿繡和史婆婆都沒死。倒不是怕死，而是因為三月初八還沒到。咦？石破天臘月初八與阿繡分別，別後已有百餘日，怎麼還沒到三月初八呢？因為那一年是農曆閏年，湊巧是閏二月。什麼是閏二月？就是二月過完，還有一個二月。有兩個二月夾在中間，三月初八當然要延後一段時間。

　　石破天不識字，肯定沒學過不定方程式的解法，更不可能掌握推算曆法的技能。否則的話，他在船上就能算出那年有兩個二月，也用不著白白痛哭一場了。

LEARN系列 051
誰說不能從武俠學數學？

作　　　者—李開周
主　　　編—邱憶伶
責任編輯—陳映儒
行銷企畫—林欣梅
封面設計—黃鳳君
封面插畫—GUMA HSU
內頁設計—黃雅藍

編輯總監—蘇清霖
董 事 長—趙政岷
出 版 者—時報文化出版企業股份有限公司
　　　　　108019 臺北市和平西路三段 240 號 3 樓
　　　　　發行專線—（02）2306-6842
　　　　　讀者服務專線— 0800-231-705‧（02）2304-7103
　　　　　讀者服務傳真—（02）2304-6858
　　　　　郵撥— 19344724 時報文化出版公司
　　　　　信箱— 10899 臺北華江橋郵局第 99 信箱
時報悅讀網— http://www.readingtimes.com.tw
電子郵件信箱— newstudy@readingtimes.com.tw
時報出版愛讀者粉絲團— https://www.facebook.com/readingtimes.2
法律顧問—理律法律事務所　陳長文律師、李念祖律師

印　　　刷—紘億印刷有限公司
初版一刷— 2020 年 10 月 8 日
初版三刷— 2022 年 10 月 25 日
定　　　價—新臺幣 320 元
（缺頁或破損的書，請寄回更換）

誰說不能從武俠學數學？／李開周著.
-- 初版. -- 臺北市：時報文化, 2020.10
　面；　公分. --(Learn系列；51)
ISBN 978-957-13-8334-7(平裝)

1.數學 2.通俗作品

310　　　　　　　　　　　109011837

ISBN 978-957-13-8334-7
Printed in Taiwan